정희의 식탁

요 즘 집 밥 연 구 가

정희의 식탁

지속 가능한 집밥을 위한 습관 만들기

이정희 지음

맛있는
책방

Contents

저는 요리하는 걸 좋아합니다. 맛있는 음식을 찾아 먹으러 다니는 것도 잘 했는데, 이제는 직접 하는 게 더 좋아요. 게다가 그 음식을 먹는 누군가의 환한 표정을 보는 것만으로도 제가 오히려 행복해지는 일을 다른 곳에서 찾기는 어렵겠더라고요. 또 제가 만든 레시피를 따라해 만든 요리가 성공했다는 후기를 전해 들으면 무척 순수한 기쁨을 얻습니다. 제 레시피를 정리하고 SNS를 통해 공유한 것은 수년간 해 온 일인데요, 요리를 직접 가르치는 요리 선생님이 된 것은 일년이 채 되지 않았습니다. 가르치는 일이 의외로 성격에 맞아 나날이 재미를 붙이고 있습니다. 누군가에게 음식으로 즐거움을 주고 더불어 받을 수 있는 일을 한다는 것이 참 행운이죠.

요리 인생의 현재 단계에서 정체성에 대한 고민 끝에, 계절을 담은 한식을 우리 시대에 맞게 재해석하고 요즘 집밥을 연구하며 나누는 일을 목표로 '요즘집밥연구가'라는 이름을 스스로 붙였습니다. 이 이름은 단순한 타이틀이 아닌 스스로에게 던진 약속처럼 느껴졌고, 그만큼 책임감이 자연스레 더 커지더군요.

제가 2025년 올해 서른일곱 살이 되었거든요. 요즘 우리 세대는 집에서 직접 밥을 해 먹는 일이 쉽지 않을 겁니다. 저는 고등학교와 대학교에서 모두 요리를 전공했고, 졸업 후에는 오랫동안 요리 콘텐츠를 만드는 일을 해왔습니다. 지금은 정리했지만 수년간 식당을 운영하기도 했었고요. 음식 관련 일을 하는 동안에도 집에서 밥을 차려 먹는 일은 가끔씩 하기는 했지만 외식을 자주하거나 배달 음식을 많이 먹곤 했습니다. 나름 요리를 잘한다는 축에 속하지만, 어제도 오늘도 내일도 꾸준히 해 먹는 집밥은 또 다르더라고요.

2년 전쯤 자궁내막암으로 큰 수술을 받고 회복하는 동안 집에서 오랜 시간을 보내면서, 그제서야 집밥의 중요성을 더 깊이 깨닫게 되었습니다. 아프기 전에도 남들보다 집밥을 꽤 자주 해먹는 편이었지만, 그때와는 달리 이제는 요리의 방식과 목적이 달라질 수밖에 없더군요. 체력을 많이 소모하지 않으면서도 건강하고 맛있어야 했고, 무엇보다 지속적으로 만들어 먹을 수 있는 실용적인 방식이 필요했습니다. 건강하게 먹기 위해 식사 준비에 지나치게 애쓰는 것도 지속 가능한 집밥 생활을 어렵게 만들더군요. 집밥은 단순한 요리 이상의 또 다른 습관과 루틴을 만들어야 한다는 걸 점점 알아가고 있습니다.

레스토랑 셰프의 요리는 특별한 기술과 화려한 식재료가 필요하기도 하지만, 집밥 요리는 조금 다르다고 생각해요. 간단한 방법과 쉽게 구할 수 있는 맛있고 신선한 제철 재료가 기본입니다. 그리고 누구나 할 수 있는 일상적인 행위이자 가벼운 습관이면서도, 동시에 나를 돌보는 다정한 마음이 그 바탕이 되어야 해요.

"어제의 내가 오늘의 나를 밥 먹인다." 제가 집밥 생활을 하면서 늘 생각하는 말인데요. 어제의 내가 오늘의 나를 밥 먹이기 위해서는 몇 가지 팁이 있습니다.

장보기부터가 요리의 시작입니다. 요리하는 것을 좋아하니 시장과 마트는 더할 나위 없는 도파민 충전소입니다. 재료 구입은 다양한 루트로 합니다. 또 온라인 장보기 서비스도 골고루 활용하고요. 동네에서 구하기 어려운 식재료들은 온라인 마켓들을 통해 어렵지 않게 구할 수 있거든요. 집 근처의 신선한 채소를 파는 마트나 청과점, 작은 시장들을 알아두면 더욱 좋고요. 제가 요즘 제일 많이 장을 보러 가는 곳은 지역의 농부들이 기르고 수확한 농산품을 직접 소비자가 구입할 수 있도록 꾸려 놓은 로컬푸드마켓인데요. 집과 가까운 기흥 하나로 마트에 로컬푸드마켓이 있거든요. 일주일에 두세 번은 들락날락거립니다.

밭에서 바로 매대로 넘어온 신선함이 가득한 가판대를 천천히 훑어보면 요리하고 싶은 마음이 자연히 솟아납니다. 통통한 조선호박을 보면 보드랍고 달큰한 맛을 상상하며 군침을 삼키고, 살아서 밭으로 돌아갈 것 같은 신선한 포기 상추를 보면 예쁘다 말이 절로 나옵니다. 여름이면 엄지손톱보다 훨씬 큰 탱글한 블루베리를 만날 수 있고요. 당근은 조금 못생기고 키가 작은데 달큰하고 알찬 맛에 몇 번이나 사먹었는지 몰라요.

장 봐온 식재료들은 바로 정리해서 보관해야 오래도록 쓸 수 있어요. 봉지째로 냉장고에 들어가면 봉지째로 처분하게 되는 일이 필연적으로 생길 수밖에 없거든요. 그러니 장보기 타이밍은 장을 본 후 정리가 가능한 여유 있는 시간이 확보되어 있을 때를 추천합니다. 장을 본 후에는 채소를 다듬어 보관하고, 고기를 소분하는 정도의 프렙만 해두는 것이 좋습니다. 투명하게 안이 보이는 밀폐용기를 사용하거나, 라벨지를 붙여 어떤 재료가 들어 있는지 알아볼 수 있게 체크해두세요.

프렙하는 습관을 들이기 시작하면 재료를 버리는 일도 확실히 줄어들고 밥을 차려 먹는 데에 에너지를 쓰는 일도 덜합니다. 주말에 몇 가지 재료를 미리 손질하거나 파스타를 삶아 소분하고, 밥을 지어 소분해두면 평일에는 요리가 훨씬 간단해지죠. 여유 있는 시간을 활용해 미리 준비해 두면 바쁜 날들이 편해집니다. 이렇게 준비된 재료들은 매일의 집밥을 가능하게 하는 비결이 돼요.

그리고 수업을 들어 본 분들은 아시겠지만 제가 알려드리는 요리들은 생략할 수 있는 과정과 재료는 과감히 줄이고, 대체 가능한 재료도 많이 제시하고, 복잡한 과정을 하나로 묶어버려요. 예를 들면 된장국을 끓일

때에 육수 내기부터 하면 맛은 있지만 매번 시간이 오래 걸려서 요리를 시작할 엄두가 나지 않거든요. 요리에 흥미가 붙기 시작하면 그때 육수를 직접 내기 시작해도 충분합니다. 또 갈비찜은 핏물을 빼야 해서 오래 걸리는 어려운 요리라고 생각하는데 갈빗살을 쓰거나, 살코기 부분이 많은 부채살이나 사태살을 써도 됩니다. 시대가 바뀐 만큼 요즘 상황에 맞는 조리법으로 간소화하고, 다양한 맛내기 제품의 도움을 받는 것이 필요해요. 집밥에 흥미를 붙이려면 내가 만든 요리가 맛있어야 하니까요.

마지막으로 스스로가 처음 만든 요리에 대해 너무 쉽게 실망하고 판단하지 않았으면 합니다. 특히나 처음 해보는 요리와 친해지기 위해서는 반복의 시간이 필요하거든요. 샐러드 드레싱의 간이 맞지 않고, 솥밥을 하며 솥도 태워보고, 파스타를 볶다가 너무 익혀 퉁퉁 불거나, 고기가 익지 않거나… 그러면 두번째에는 간을 몇 차례에 나눠서 조절하고, 솥밥을 할 때 불조절을 조금 더 약하게 하고 파스타 볶는 시간을 줄이고, 고기를 더 유심히 구울 수 있는 기회를 주세요. 그러면서 익숙해지면 세번째는 대부분 자연스레 성공하게 되니까요.

그러다 갑자기 언젠가 혼자 저녁을 해먹으며 냄비 속에서 들리는 바글바글 소리가 음악처럼 느껴지는 순간이 있거든요. 나만의 감성으로 반복되어 차려지는 집밥과 과정 속에서 그 시간과 맛이 켜켜이 쌓이면서, 자연스럽게 나만의 식탁이 만들어지는 것 같아요.

이 책은 지속 가능한 집밥 습관을 들이고 싶은 분들께 조금이나마 도움이 되었으면 하는 마음으로 준비했습니다. 언젠가는 여러분만의 온전한 식탁을 차리는 집밥 생활을 위하여.

요즘집밥연구가 이정희

Part 1
샐러드

샐러드는 건강한 식사의 흔한 단골 메뉴입니다. 요즘에는 저의 식단에도 샐러드가 자주 포함되어 있는데, 수년 전까지만 해도 사실 선호하는 메뉴는 아니었어요. 최근엔 곡류와 단백질이 골고루 포함된 균형 잡힌 샐러드가 흔하지만, 그전에는 샐러드 하면 양상추에 드레싱을 뿌려 먹는 정도가 대부분이었거든요.

저는 잡곡밥이나 귀리, 퀴노아, 콩 등 곡류를 곁들여 비빔밥처럼 섞어 먹는 스타일의 샐러드를 선호합니다. 생채소와 더불어 굽거나 쪄서 익힌 채소나 절임 채소, 고기, 과일 등을 골고루 조합해 먹는 것이 좋더라고요. 샐러드를 자주 먹지만 사 먹는 일은 드뭅니다. 집에서 샐러드를 해 먹으면 내 취향대로 만들어 먹을 수 있기 때문이죠. 샐러드 위주의 식사를 자주 한다면 이 책의 샐러드 파트를 유심히 참고해 보세요. 특히 프렙을 해 두면 차려 먹기가 무척 수월해지는 메뉴입니다.

수년 전 운영하던 가게에서 샐러드 메뉴를 판매하면서 익힌 방법을 집밥 생활에 맞게 적용시켰습니다. 보통 쉬는 날 장을 봐서 한 주간 먹을 분량을 손질해 둡니다. 잎채소는 씻어 물기를 빼고, 통곡물로 밥을 지어 소분해 둡니다. 당근이나 양배추, 비트 등 절여 두면 더 맛있어지는 재료들을 미리 양념해 두고요. 먹기 직전에 썰거나 조리해야 맛있는 재료들도 있는데요. 그런 재료들은 가장 직전 단계까지 준비해 둡니다.

제가 소개하는 모든 재료는 한꺼번에 사지 않아도 됩니다. 왜냐하면 한꺼번에 사서 똑같은 기간 내에 전부 소진하기 어렵기 때문이거든요. 마음에 드는 메뉴 한두 가지나 좋아하는 채소 서너 가지를 골라 준비해 두고 먹기 시작하세요. 거의 다 먹어 갈 때쯤 추가로 다시 한두 가지 요리나 재료를 준비해 맞물려서 손질해 두면 됩니다. 식사 때가 되면 이렇게 준비한 샐러드 프렙 재료를 꺼내어 그릇에 착착 담기만 하면 되죠.

드레싱도 생각보다 중요치 않습니다. 식초나 레몬즙에 소금, 올리브유 정도만 있어도 산뜻하고 깔끔하게 즐길 수 있어요. 지속적으로 쉽게 샐러드를 차려 먹기 위해 좋아하는 시판 드레싱의 도움을 받는 것도 좋은 방법입니다. 샐러드는 특정 식단이 필요할 때에도 조절하기 좋은데요. 저탄수화물 식단을 실천하는 경우에는 잎채소와 단백질을 중심으로 구성하고 곡류를 줄이는 식으로 차리고요, 반대로 에너지가 필요한 날에는 통곡물의 비율을 높이고 고구마나 감자 같은 구운 채소를 추가하면 더욱 든든한 한 끼가 됩니다.

샐러드를 자주 먹는다면, 각자 자신만의 시그니처 샐러드를 만들어 보는 것도 좋은 방법입니다. 나만의 조합을 찾기 위해 다양한 재료를 시도해 보세요. 견과류나 씨앗을 추가하거나, 제철 과일을 활용하면 매일 다른 느낌의 샐러드를 즐길 수 있습니다.

샐러드 생활에 도움이 되는
도구

주위의 지인들과 요리 수업을 듣는 수강생 분들이 냄비나 프라이팬, 도마 등의 특정 브랜드나 모양, 크기 등등을 추천해달라고 하면 그냥 가지고 있는 것으로 요리해도 충분하다고 이야기합니다. 그런데 샐러드를 지속적으로 만들어 먹는다면, 아니 샐러드뿐만 아니라 다양한 집밥 요리를 할 때 여기에서 소개하는 몇몇 아이템이 있다면 큰 도움이 될 거예요. 물론 없어도 요리를 할 수 있지만 프렙할 때 조금 번거로워지거든요.

✦ 그레이터

스테인리스 날로 되어 있어 냄새나 색이 배지 않고 손으로 쉽게 쥐기 좋은 형태로 생긴 그레이터를 추천합니다. 치즈를 갈 때나 시트러스류의 껍질을 긁어 제스트를 준비할 때에 유용합니다. 특히 한식에서 많이 쓰는 마늘이나 생강을 갈 때 정말 좋습니다. 마늘은 갈아 두면 맛이 금세 변하거든요. 요리할 때마다 한두 쪽씩 갈아 쓰기에 도움이 많이 됩니다

① 믹싱볼

스테인리스 믹싱볼과 구멍이 뚫린 체, 채반은 여러 개가 있으면 프렙할 때 수월합니다. 크기가 다른 것으로 2개씩 구비해 두고 쓰니 편하더라고요.

② 샐러드 스피너

볼과 그 안에 들어 가는 채반, 뚜껑으로 구성되어 있어 뚜껑을 닫은 후 채반을 돌려서 샐러드 물기를 제거하는 도구입니다. 작은 것보다 큰 것이 좋습니다. 프렙은 한 번에 3~4회 정도 먹을 수 있는 양을 준비하는 과정인데, 잎채소는 무게에 비해 부피가 커서 크기가 작으면 여러 번에 나눠서 물기를 털어야 하거든요.

③ 슬라이서, 채칼

재료를 균일하게 썰면 맛의 완성도가 높아집니다. 모양이 들쭉날쭉하기보다 일정해야 익는 정도, 양념의 맛이 드는 속도가 비슷하니까요. 칼질을 잘하는 사람도 슬라이서나 채칼을 쓰면 훨씬 빠르게 재료를 썰 수 있습니다. 얇게 썰어주는 용도의 슬라이서는 두께를 조절할 수 있는 것이 쓰기 편하고, 채칼은 날이 뾰족하게 서 있는 것보다는 구멍을 통해서 채가 나가는 것이 안전하고 쉽게 쓸 수 있습니다.

④ 밀폐용기

손질한 재료를 보관하는 밀폐용기는 가벼우면서도 속이 잘 보이고 겹쳐 쌓을 수 있어 보관 시 부피를 많이 차지하지 않는 것이 좋습니다. 같은 모양으로 겹칠 수 있으면서 용량이 다양한 것으로 구비해 두니 편하더라고요.

생채소 손질하기

◆ 부드러운 잎채소

샐러드용 잎채소는 사오자마자 바로 손질하는 것이 가장 좋습니다. 가장 싱싱할 때 그 신선함을 살려 보관하는 것인데요. 대부분의 채소 손질은 비슷합니다. 믹싱볼에 물을 채우고 샐러드 채소를 5분 정도 담가 둡니다. 샐러드 스피너를 사용해 물기를 최대한 뺀 뒤에 밀폐용기에 담아 보관합니다. 이때 밀폐용기의 아래에 키친타월을 깔고 물기 뺀 잎채소를 얹고, 다시 키친타월을 덮고 뚜껑을 닫아 보관합니다. 날짜와 채소 이름을 적어 붙입니다. 평균 일주일 정도 보관하면서 먹었을 때 채소의 선도가 괜찮고요. 원물의 상태에 따라 보관 가능 기간이 더 짧아지거나 늘어나기도 합니다. 이파리가 여린 샐러드 채소는 세척해 보관하되, 썰지는 않습니다. 썰린 단면이 금방 갈변되고 무르기 때문인데요, 먹기 직전에 한 입 크기로 뜯거나 썰면 되거든요. 씻어 두기만 해도 이 과정이 한결 수월합니다.

✪ 채소 기본 프렙

① 잎채소의 시든 부분을 제거하고, 뿌리가 붙어 있는 채소는 낱장으로 떼어 물에 담가 둡니다.

② 5~10분 정도 담가 이물질이 불어서 떨어지면 깨끗한 물에 한 번 더 헹궈 건집니다.

③ 샐러드 스피너로 물기를 제거합니다.

④ 밀폐용기 아래에 키친타월을 깔고 채소를 넣습니다. 양이 많을 때에는 중간에 한 번 더 키친타월을 끼워 주세요. 키친타월을 다시 덮은 뒤 뚜껑을 닫아 밀폐합니다.

① 다양한 식감과 맛이 있는 유러피언 레터스를 좋아해요

샐러드 채소 중 가장 대표적인 둥근 양상추도 고소하고 아삭아삭해서 맛있지만 다양한 식감과 맛이 있는 유러피언 레터스를 좋아합니다. 요즘은 꾸러미로 다양한 종류의 유러피언 레터스를 구매할 수 있어요. 버터헤드 레터스는 잎이 두툼해 보이지만 부드럽게 씹히고요. 프릴아이스는 곱슬곱슬 예쁘고 수분감이 있으면서 경쾌하게 아삭아삭합니다. 참나무 잎처럼 생긴 오크리프는 향도 연하고 맛도 연해서 요모조모 쓰기가 편해요.

② 루콜라는 중독되는 매력이 있어요

루콜라는 이탈리아 요리에 많이 쓰이는 채소로 알려져 있는데요. 큰 것은 열무처럼 생겼는데 맛도 쌉쌀하고 알싸한 맛이 강한 개운한 채소입니다. 잎이 더 뾰족하고 작은 크기의 와일드 루콜라는 매운맛이 덜하고 식감도 더 연해요. 와일드 루콜라는 다른 채소와 섞어서 샐러드를 해먹거나 샌드위치에 넣으면 잘 어울립니다. 의외로 한식 양념과도 잘 어울려서 참기름이나 들기름에만 가볍게 버무려 고기에 곁들이기도 좋더라고요.

③ 어린잎 채소는 손질이 간편합니다

어린잎 채소는 한 입 크기일 때 수확하기 때문에 따로 썰거나 뜯어 손질할 필요가 없어서 간편합니다. 제가 제일 선호하는 것은 어린 케일 잎인데, 시금치나 루콜라 등 여러 가지 종류의 어린잎 채소를 구입할 수 있습니다.

④ 단단한 잎채소는 썰어서 보관해요

조직이 연하고 얇은 잎채소는 최대한 썰지 않고 보관하는 것이 좋은데요. 대신 이파리가 도톰하거나 조직감이 단단한 채소들은 썰어서 보관해도 3~4일은 거뜬히 신선함이 유지됩니다. 제가 만만하게 사용하는 단단한 잎채소가 바로 케일인데요. 우리가 쌈용으로 먹는 케일은 이파리 크기도 적당하고 맛이나 향도 샐러드로 먹기에 적당하거든요. 다른 잎채소 손질과 마찬가지로 물에 담가 이물질을 불려 떨어뜨린 뒤에 물기를 완전히 제거하고 한 입에 먹기 좋은 크기로 썰어서 밀폐용기에 담아 보관하면 됩니다. 겨자채도 케일과 같은 방법으로 손질해도 좋아요. 양배추는 채 썰어 물에 담근 뒤 물기를 제거하는 방법이 손질하기 수월하고요.

⑤ 허브류는 물이 닿지 않게 보관해요

제가 흔하게 사용하는 허브는 바질, 딜, 파슬리 정도입니다. 조금 넣는 것만으로도 평범한 요리가 향긋하게 살아나고, 포인트를 줄 수 있어서 좋아요. 특히 이탈리안 파슬리는 장을 볼 때마다 떨어지지 않게 구매합니다. 허브류는 다른 잎 채소보다 조직이 연해요. 그래서 물이 닿으면 더 빨리 상하게 됩니다. 통 안에서 습기 조절이 되도록 키친타월을 깔고 덮어 보관하세요.

✪ 샐러드에 쓰기 좋은 각종 채소 손질하기

저는 잎채소에 드레싱만 뿌려 먹는 샐러드는 재미가 없습니다. 여러 가지 부재료를 넣어가며 다채롭게 샐러드 조합을 만드는 것이 더 맛있더라고요. 생으로 먹기 좋은 열매 채소, 뿌리채소 등 제가 사용하는 단골 재료의 손질법을 소개합니다.

✦ 오이

여러 오이 종류 중에 껍질이 얇고 아삭하게 씹는 맛이 좋은 미니오이를 가장 좋아합니다. 백오이나 청오이도 손질법은 같아요. 다만 가시가 많은 오이를 사용할 때에는 가시 부분만 손질하는 것이 좋고, 껍질이 두꺼운 오이를 샐러드로 먹을 때에 껍질을 듬성듬성 벗겨주면 식감에 도움이 됩니다. 오이는 깨끗이 씻은 뒤 물기를 제거합니다. 칼이나 채칼을 이용해 얇게 슬라이스 하면 가볍게 아삭아삭한 식감이 좋습니다. 길게 4등분해 도톰하게 썰면 버무리는 샐러드에 사용하기 적합합니다. 밀폐용기에 키친타월을 깔고 썰어 놓은 오이를 보관하면 2~3일 정도 사용하기 좋아요.

✦ **파프리카**

파프리카는 피망처럼 생겼지만 과육이 더 두툼하고 쌉쌀하거나 매운맛 없는 달큰한 맛과 아삭한 식감이 좋습니다. 위에 꼭지와 안쪽에 씨만 제거하면 손질은 간단합니다. 정가운데에서 반을 가르거나 윗부분을 잘라 낸 뒤 씨를 잘라내고 손질하기도 하는데요. 저는 씨와 꼭지를 피해 과육을 잘라낸 뒤 남아 있는 자투리 부분을 따로 잘라내는 방법을 선호합니다. 반으로 가르면 씨주머니를 함께 자르게 되는데 이때 씨가 같이 잘려서 과육에 달라붙기도 하거든요. 과육만 발라낸 뒤 밀폐용기에 담아 보관하면 4~5일 정도 먹을 수 있고, 용도에 따라 잘라서 보관하면 2~3일 정도 신선하게 먹을 수 있습니다.

✦ **적양파**

양파는 알싸하고 달큰한 맛이 있어요. 드레싱에 넣거나 샐러드에 넣으면 풍미를 살리는 역할을 합니다. 적양파는 매운맛은 거의 없고 달큰한 맛이 좋아서 샐러드나 생식용으로 먹기 좋습니다. 햇양파도 비교적 매운 맛이 덜하고 달큰한 맛이 좋아 제철일 때에 샐러드에 애용합니다. 양파의 매운맛을 최대한 없애려면 찬물에 10분 정도 담갔다 건져 물기를 제거하고 보관하세요. 양파를 다질 때에는 겹겹이 흩어지지 않도록 뿌리 쪽을 반으로 먼저 가르고, 끝부분을 남겨두고 칼집을 촘촘히 넣어줍니다. 이때 가로로 안쪽으로도 칼집을 넣어주어야 균일하게 다질 수 있어요.

✦ 아보카도

아보카도는 지방이 풍부한 과일로 과육이 부드럽고 고소한 맛이 납니다. 샐러드에 넣으면 풍성한 맛을 내도록 도와주죠. 아보카도는 숙성이 잘 되어야 제대로 된 맛을 느낄 수가 있는데요. 껍질이 전체적으로 어둡게 변하면 잘 익은 거예요. 꼭지가 잘 떨어지면 익은 건데, 과숙하거나 갈변되면 꼭지가 떨어져 나간 자리가 까맣게 색이 변해 있을 거예요. 익지 않은 아보카도를 샀다면 종이백에 담아 밀봉해두면 아보카도에서 발생하는 에틸렌 가스가 부드럽게 익는 데에 도움을 줍니다. 잘 익은 아보카도는 냉장 보관해 두고 먹으면 됩니다. 아보카도를 좋아해서 자주 먹을 때에는 5~6개 정도 구입해서 익혔다 먹고 아보카도가 2개 정도 남았을 때 또 새로운 아보카도를 사서 익히기 시작합니다. 아보카도는 미리 껍질을 벗기거나 썰어서 보관하면 금세 갈변이 되니 먹기 직전에 손질해주세요. 아보카도를 익히기가 어렵다면 냉동 아보카도를 사용하는 것도 괜찮아요. 냉동 아보카도는 숙성이 완전히 된 것을 껍질 벗겨 급랭한 것이라 먼저 드레싱에 버무린 다음 토핑으로 먹거나 으깨서 과카몰레를 만들기 좋아요.

✦ 토마토

토마토는 새콤하고 감칠맛이 좋은 재료여서 샐러드의 풍미를 확실히 올려줍니다. 토마토는 사철 나지만 그래도 가장 좋아하는 토마토는 봄철에 나는 짭짤이 토마토라고도 불리는 대저토마토예요. 녹색빛이 돌 때는 새콤짭짤한 맛에 단단하게 아삭아삭한 식감이 좋고요. 과숙하면 들큰하고 부드럽게 바뀌는 맛이 매력입니다. 대추방울토마토도 좋아하는데요. 큰 토마토에 비해서 새콤달콤한 맛이 선명합니다. 토마토는 꼭지를 뗀 뒤에 씻어서 물기를 완전히 제거하고 보관하는 것이 좋습니다. 꼭지에서 나오는 에틸렌 가스가 토마토를 빨리 무르게 한다고 하네요. 2~3일 내로 먹을 토마토는 반으로 갈라 손질하는 것도 괜찮습니다. 다만 토마토 과즙이 너무 빠져나오지 않게 써는 것이 중요한데요. 토마토를 세로로 세워서 봤을 때 대부분 하트 모양으로 보이거든요. 하트를 반으로 가른다고 생각하고 썰면 잘리면서 씨 부분이 아니라 과육면이 보입니다.

절임 채소

소금과 식초, 간장 등으로 양념하거나 절인 채소는 생채소보다 더욱 오래가고 식감도 좋습니다. 또 드레싱을 적게 뿌려도 맛내기가 수월해요. 많이 만들어도 작은 통에 나눠서 소분한 다음 깨끗한 젓가락으로 조금씩 덜면 변질 없이 오래 두고 먹을 수 있습니다.

저장해두고 먹는 당근라페

얇게 썬 당근에 머스터드, 식초 등을 넣어 버무려 만드는 당근라페.
보통 올리브유를 넣어 버무리는 레시피가 많은데 엑스트라 버진 올리브유를 제외한 재료를 버무려
두면 냉장고에서 기름이 굳거나 오래도록 맛이 변하지 않아 피클처럼 먹기 좋습니다. 연두가
없다면 간장을 아주 약간 넣어 감칠맛을 더해도 좋습니다. 소금으로만 간을 해도 깔끔해요.

◦ 당근 2개
◦ 이탈리안 파슬리 취향껏

드레싱
◦ 디종 머스터드 2큰술
◦ 연두 1큰술
◦ 식초 2큰술
◦ 꿀 2큰술
◦ 소금 약간

① 당근은 채칼을 이용해 썰어 준비합니다. 파슬리도 다져서 준비합니다.

② 믹싱볼 한쪽에 당근을 밀어두고 다른 한쪽에 드레싱 재료를 넣어서 고루 섞어 주세요.

③ 채 썬 당근과 드레싱을 전체적으로 버무린 다음 소금으로 입맛에 맞게 간을 합니다.

④ 파슬리를 넣고 고루 버무려 완성합니다. 30분 이상 절인 뒤 먹는 것이 맛있습니다.

비트절임

비트는 의외로 쉽게 찾아볼 수 있는데 활용하기는 어려워하는 재료 중 하나입니다. 물들이기 용으로 쓰거나 구워 먹기, 생으로 먹기, 즙으로 내려 먹는 정도랄까요. 아무래도 뿌리채소 특유의 흙냄새를 어떻게 잡는지가 관건입니다. 비트는 베리류와 조합이 좋은데요. 특히 딸기를 곁들이면 흙냄새가 한결 부드러워집니다. 딸기잼을 넣어 향과 달큰한 맛을 더한 절임을 만들었습니다. 샐러드 토핑은 물론 샌드위치 속으로 먹거나 고기를 먹을 때 상큼하게 곁들이기도 추천합니다.

- 비트 1개(200g)
- 소금 ½작은술
- 식초 2큰술
- 딸기잼 2큰술

① 비트는 껍질을 벗긴 뒤 채칼을 이용해 채 썰어 준비합니다.

② 소금과 식초, 딸기잼을 넣고 버무려 완성합니다. 30분 이상 절인 뒤 먹는 것이 가장 맛있어요.

적양배추절임

유자청이나 귤청 등 향긋한 시트러스 계열로 만든 당절임 과일청은 음료로 마시는 것보다 요리에 향과 단맛을 위해 사용하는 편인데요. 적양배추 절임에 유자청을 넣어 은은한 향을 더했습니다. 칠리 플레이크와 굵게 간 후춧가루가 주는 매콤함과 톡 쏘는 맛이 재미있는 절임입니다. 바로 먹으면 이 자체가 샐러드 같은 느낌이 드는데요. 충분히 절여지고 숙성이 되면 식감도 더욱 아작아작해지고 풍미도 좋아집니다.

- 적양배추 ¼통(약 400g)

양념

- 유자청 2큰술
- 식초 3큰술
- 소금 ½작은술
- 칠리 플레이크 1작은술
- 후춧가루 약간

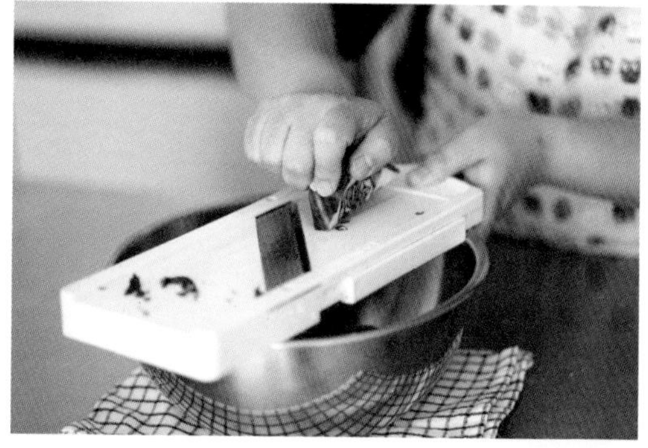

① 적양배추를 채 썰어 준비합니다.

② 모든 양념 재료를 넣어 버무립니다.
손으로 가볍게 힘주어 버무려야 양배추
숨이 죽으면서 맛이 잘 배어 듭니다.
1~2일 후 먹는 것이 맛있습니다.

오이절임

오이를 가볍게 절이는 방법입니다. 소금과 식초에 가볍게 절여 샐러드나 샌드위치에 넣기 좋아요. 오이 1개면 1인 기준 3~4회 정도는 충분히 나눠서 먹을 수 있으니 가족 구성원에 따라 양을 조절해 만들어보세요. 이렇게 절인 오이는 일주일은 거뜬히 먹을 수 있습니다.

✦

- 오이 1개
- 소금 약간
- 식초 1큰술
- 매실청 1큰술

① 오이를 슬라이스해서 소금에 살짝 절여 둡니다. 오이 1개당 소금 한 자밤 정도면 충분해요.

② 20분쯤 절여 두었다가 물기를 꼭 짜고 식초와 매실청으로 버무려 둡니다.

③ 절인 오이로 만들기 때문에 무쳐서 바로 먹어도 맛이 좋아요. 냉장고에 보관하면 일주일 정도 먹을 수 있어요.

양파절임

양파를 식초와 설탕, 아주 약간의 소금으로 버무리면 피클처럼 먹을 수 있어요. 양념에 수분이 들어가는 양이 많지 않아도 양파가 가지고 있는 수분이 빠져나오면서 충분히 잠길 정도의 절임액이 만들어집니다. 양념은 레시피 분량보다 조금씩 덜 넣어 버무린 뒤 맛을 보고 신맛과 단맛, 짠맛을 조금씩 추가해가며 취향에 따라 조절하면 됩니다. 고기가 들어가는 샐러드에 곁들이면 한결 깔끔한 맛을 낼 수 있습니다.

- 양파 1개(150g 기준)
- 설탕 1큰술
- 식초 3큰술
- 소금 약간

① 양파를 채 썰어 준비합니다. 세로로 채 써는 것보다 둥근 모양을 살려서 가로로 결을 끊어 얇게 썰면 매운 맛이 더 잘 빠져서 먹기가 편해요.

② 설탕, 식초, 소금을 넣어 버무립니다. 잠시 두었다가 양념이 고루 묻도록 위아래를 뒤적여서 통에 담습니다.

③ 1시간 정도 뒤부터 맛이 들어서 먹기가 좋습니다. 냉장 보관하면 열흘 정도 먹을 수 있어요.

버섯절임

버섯도 초절임으로 만들면 피클처럼 오래 두고 먹을 수 있습니다. 온갖 버섯을 사용해 만들 수 있으니 좋아하는 버섯을 이용해보세요. 버섯을 익혀 발사믹 식초와 간장을 넣고 가볍게 졸인 뒤 식혀 보관합니다. 샐러드 부재료로 넣기도 좋을 뿐 아니라 버섯절임에 파슬리나 생양파, 올리브유를 두르고 버무리면 간단한 곁들임 요리가 되고요. 발사믹 식초 대신에 감식초나 흑초를 사용한 뒤 먹기 직전 들기름을 뿌리면 와인 안주로도 훌륭합니다.

✦

- 각종 버섯(새송이버섯, 표고버섯 등) 300g
- 간장 3큰술
- 발사믹 식초 4큰술

① 한 입에 먹기 좋은 크기로 썰어 주세요. 표고버섯은 버섯 기둥의 지저분한 부분만 제거하고 그대로 썰어 사용합니다.

② 달군 팬에 버섯을 넣고 물을 약간 넣어 익혀줍니다. 이렇게 볶듯이 익히는 대신 물에 데쳐서 사용해도 좋아요.

③ 버섯이 익으면 식초와 간장을 넣고 버무려 완성합니다. 식혀서 통에 넣어 보관해요.

샐러드를 더욱 맛있게 하는

보조 재료

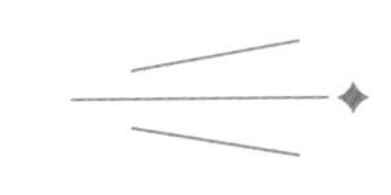

① 견과류

가장 좋아하는 견과류는 호박씨. 그 외에도 떫은 맛이 덜한 피스타치오나 캐슈너트, 아몬드, 잣 등의 견과류를 주로 사용합니다. 견과류는 일주일 내로 소비할 양만 볶아 둡니다. 볶으면서 기름이 나와서 쉽게 산패되거든요. 한 줌 정도로 적은 양은 마른 팬에 볶는 것이 좋고요. 양이 많을 때에는 오븐이나 에어프라이어를 사용하는 것이 골고루 구울 수 있습니다. 180도로 예열한 오븐이나 에어프라이어에 펼쳐 넣고 10~15분 정도 색이 노릇해질 때까지 구우면 됩니다. 고소하게 굽거나 볶은 견과류는 오독오독한 식감을 주고, 전체적으로 고소한 맛을 더합니다. 드레싱이 없거나 심심한 샐러드를 먹을 때 특히 발군의 재료입니다.

② 크리스피하게 뻥튀기한 곡류

현미나 흑미, 율무 등 곡류를 뻥튀기하듯 튀겨내 바삭하게 만들어 놓은 제품이 있습니다. 그대로 먹거나 시리얼처럼 요거트, 우유에 토핑으로 올려 먹는데요. 평범한 샐러드나 요리에 마지막에 조금 뿌리면 바삭거리는 식감을 더할 수 있어요.

③ 발효유 제품

사워크림이나 플레인 요거트, 그릭 요거트에 식초나 레몬 즙, 소금, 올리브유 정도만 더해 드레싱으로 만들어 보세요. 유지방의 고소한 맛과 발효하면서 만들어지는 산미가 더해져 쉽게 풍부한 맛을 낼 수 있습니다. 되직한 그릭 요거트는 리코타 치즈나 코티지 치즈처럼 토핑으로 쓰기도 해요.

④ 냉동 완두콩

냉동 채소나 콩류는 영양소가 잘 보존되어 있고 의외로 신선한 맛이 납니다. 저는 특히 프랑스나 벨기에산 냉동 완두콩을 골라 씁니다. 우리가 보통 먹는 완두콩보다 크기가 작고 말랑해 달큰한 맛이 살아 있더라고요. 끓는 물에 넣고 떠오를 정도로만 살짝 데쳐서 쓰면 됩니다. 한 번 데친 것은 2~3일 정도 보관이 가능해요.

⑤ 낫토

잡곡밥과 비벼 먹는 스타일의 샐러드에 잘 어울리는 토핑으로 낫토를 추천합니다. 낫토를 많이 먹을 때에는 냉장 보관 낫토를 사서 먹지만 원래는 비상용 냉동 낫토를 구비해두는 편입니다. 낫토의 끈끈함이 어색하다면 휘휘 젓기를 오래 해보세요. 실처럼 늘어나는 점액질이 줄어듭니다. 낫토를 메인으로 하는 샐러드도 하나 추천합니다. 아보카도 1/2개를 작게 썰고 낫토 한 팩과 다진 양파, 견과류, 그리고 여기에 취향에 따라 딜이나 파슬리 같은 허브를 다져서 넣고 오리엔탈 드레싱을 조금 넣어 버무리면 낫토 아보카도 샐러드가 됩니다.

⑥ 치즈

리코타 치즈, 부라타 치즈, 페타 치즈, 그라나파다노 또는 파르메산 치즈 등 샐러드에 어울리는 치즈를 구비해 둡니다. 샐러드뿐만 아니라 샌드위치, 파스타에도 활용하기 좋거든요. 부라타 치즈나 모짜렐라 치즈 같은 생치즈는 토마토를 곁들인 뒤 엑스트라 버진 올리브유와 발사믹 식초만 뿌리면 쉽게 샐러드를 만들 수 있어요. 페타 치즈는 쨍한 짠맛과 산미로 포인트를 주고요. 오래 숙성해 감칠맛이 좋은 그라나파다노나 파르메산 치즈 같은 경질 치즈는 갈아서 버무리거나 샐러드 마지막에 소금 대신 뿌리기도 합니다.

⑦ 올리브

올리브 열매를 염장해 병절임이나 통조림으로 만든 제품을 구입합니다. 요즘은 한 번 먹을 양만큼 작게 팩 포장되어 있는 제품도 있어서 편리하더라고요. 짠맛이 강한 올리브는 10분쯤 찬물에 담가 두면 짠기가 빠지는데요, 여기에 다시 신선한 엑스트라 버진 올리브유와 레몬 즙, 후춧가루를 뿌리면 스낵처럼 간단히 먹기 좋고요. 샐러드, 파스타 및 복합미가 있는 짠맛이 필요한 요리에 다양하게 쓸 수 있습니다.

⑧ 시판 드레싱

건강한 식단을 위해 모두 직접 만드는 것도 좋지만, 스스로 차려 먹는 것을 지속하기 위해서는 시판 제품의 간편함으로 도움을 받는 것도 필요합니다. 시판 드레싱을 이용하더라도 신선한 채소와 재료를 듬뿍 사용하면 균형 잡힌 식사를 할 수 있어요. 취향에 맞는 맛으로 그때 그때 구입하는 편이고, 요즘은 저당 드레싱도 꽤 맛있어요.

드레싱

드레싱은 의외로 후순위입니다. 드레싱 없이 레몬 즙이나 소금, 식초를 뿌려 먹을 때가 대부분이거든요. 드레싱을 만들지 않고 샐러드를 먹을 때는 재료에 소금 간을 조금 한 뒤 레몬 즙 또는 식초를 뿌리고, 엑스트라 버진 올리브유를 둘러 버무립니다. 식초의 종류만 바꿔도 샐러드 맛이 다양해집니다. 시고 달고 짠 맛의 양념들을 응용해서 간을 해보세요. 드레싱을 만들 때는 한 번에 여러 차례 먹을 양을 만들어 둡니다. 작은 크기의 밀폐용기에 바로 계량해 만들면 먹고 남은 드레싱 보관이 수월합니다. 빵에 잼을 발라 먹는 것을 좋아하는데, 먹다가 한 숟가락 정도가 남으면 잼병을 이용해서 그대로 흔들어 완성하는 잼 드레싱도 자주 만들어요. 잼이 바뀔 때마다 맛이 달라지는 재미가 있습니다.

매실청비네그레트

- 레몬 ½개
- 매실청 2큰술
- 소금 약간
- 디종 머스터드 1작은술
- 화이트 와인 식초 3큰술
- 엑스트라 버진 올리브유 6큰술

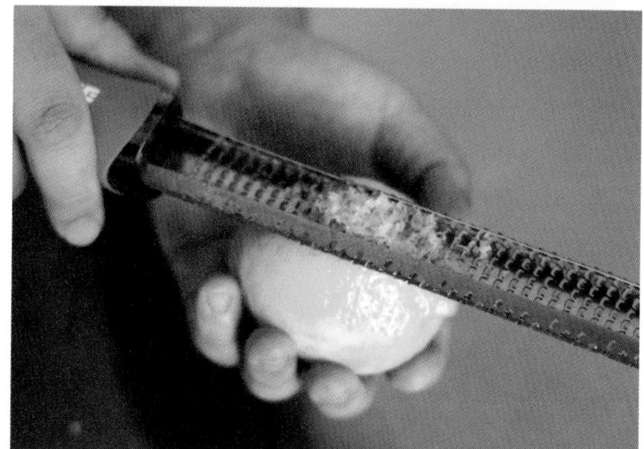

① 레몬은 베이킹소다로 문질러 깨끗이 씻어 준비합니다.

② 레몬 껍질을 갈아 매실청과 소금, 디종 머스터드를 먼저 넣어 섞어 주세요.

③ 식초와 레몬 즙을 고루 섞은 뒤 엑스트라 버진 올리브유를 넣어 유화시켜 완성합니다.

✦ 깔끔한 맛을 원할 때 모든 샐러드에 잘 어울립니다.

그릭요거트딜드레싱

- 그릭 요거트 3큰술
- 레몬 즙 1개 분량
- 꿀 1큰술
- 다진 마늘 ½쪽 분량
- 다진 양파 1큰술
- 소금 약간
- 엑스트라 버진 올리브유 3큰술
- 다진 딜 1큰술

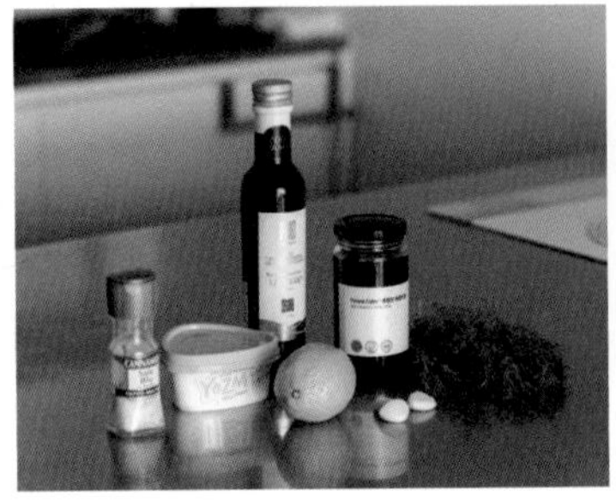

① 모든 재료를 골고루 섞어 완성합니다.

✦ 굽거나 찐 채소, 연어, 닭고기 등 볼륨감 있는 재료가 들어간 샐러드와 잘 어울립니다.

잼드레싱

- 잼 1큰술
- 디종 머스터드 1큰술
- 화이트 와인 식초 3큰술
- 다진 마늘 ½개 분량
- 다진 양파 1큰술
- 레몬 즙 ½개 분량
- 소금 약간
- 엑스트라 버진 올리브유 6큰술

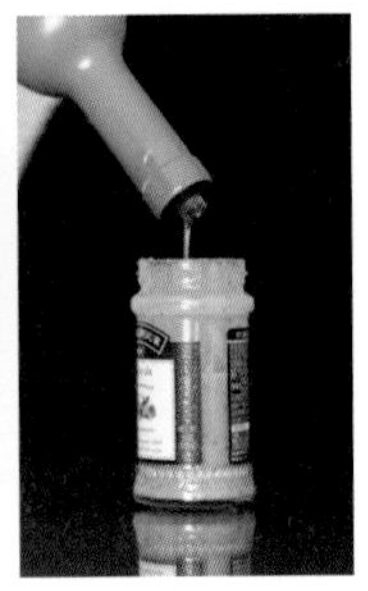

① 잼 병에 올리브유를 제외한 모든 재료를 먼저 넣고 섞어주세요.

② 올리브유를 넣고 흔들어 유화시켜 완성합니다.

✦ 깔끔한 맛을 원할 때 모든 샐러드에 잘 어울립니다.

오렌지드레싱

- 오렌지 1개
- 다진 양파 1큰술
- 홀그레인 머스터드 1큰술
- 꿀 1큰술
- 화이트 와인 식초 2큰술
- 다진 파슬리 1큰술
- 소금 약간
- 엑스트라 버진 올리브유 4큰술

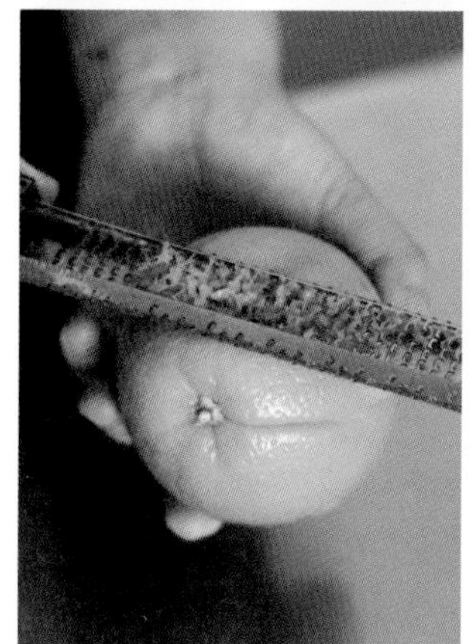

① 오렌지는 베이킹 소다로 문질러 깨끗이 씻어 준비합니다.

② 오렌지 껍질을 갈아 준비하고, 껍질을 벗겨 과육을 작게 썰어 주세요.

③ 모든 재료를 넣고 섞어 완성합니다.

✦ 닭고기나 돼지고기 등 육류가 들어가는 샐러드와 잘 어울립니다.

곁들임용 작은 샐러드

샐러드 프렙을 해두면 식사에 곁들이는 작은 샐러드는 5분 안에 쉽게 만들 수 있습니다. 추천하는 조합의 샐러드 4종을 소개합니다.

토마토루콜라샐러드

- 와일드 루콜라 한 줌
- 대추방울토마토 2개
- 매실청비네그레트(47쪽) 1큰술
- 그라나파다노 치즈 약간

① 와일드 루콜라와 반으로 썬 대추방울토마토를 그릇에 담고 매실청비네그레트를 골고루 뿌려 주세요.

② 그라나파다노 치즈를 뿌린 뒤 먹기 직전에 가볍게 섞어요.

오이캐슈너트샐러드

- 적오크리프 한 줌
- 오이절임(38쪽) 약간
- 캐슈너트 약간
- 현미 크리스피 약간
- 시판 오리엔탈 드레싱 1큰술

① 적오크리프는 한 입에 먹기 좋은 크기로 잘라 그릇에 담아 주세요.

② 오이절임과 캐슈너트, 현미 크리스피를 취향껏 올린 뒤 드레싱을 뿌립니다. 먹기 직전에 가볍게 섞어요.

적양배추절임샐러드

- 로메인 상추 한 줌
- 적양배추절임(36쪽) 약간
- 사과 발사믹 식초 1큰술
- 엑스트라 버진 올리브유 약간
- 호박씨 약간

① 그릇에 로메인 상추를 먹기 좋은 크기로 잘라 담고 그 위로 적양배추절임을 얹어 주세요.

② 사과 발사믹 식초와 엑스트라 버진 올리브유를 약간 두르고 호박씨를 뿌립니다. 골고루 섞어서 먹어요.

✦ 사과 발사믹 식초 대신 일반 발사믹 식초나 좋아하는 식초를 사용해도 좋아요.

리코타완두콩샐러드

- 데친 완두콩 2큰술
- 레몬 즙 ⅛개 분량
- 엑스트라 버진 올리브유 1큰술
- 소금 약간
- 미니 케일 한 줌
- 리코타 치즈 1큰술

① 데친 완두콩에 레몬 즙을 짜 넣고 엑스트라 버진 올리브유와 소금을 넣고 간을 맞춰 버무립니다.

② 그릇에 미니 케일을 담고 완두콩과 리코타 치즈를 얹어 완성합니다.

낫토밥 샐러드볼

속 편하고 든든하게 먹고 싶을 때 제일 자주 해먹은 스타일의 밥샐러드볼입니다.
현미나 잡곡밥을 두세 숟가락 담고 냉장고 속 샐러드 재료들을 둘러 담아 만들어요.
재료들을 조금씩 조합해서 먹어도 좋지만, 저는 비빔밥처럼 비벼 모든 재료가
골고루 섞이는 것이 취향에 맞더라고요.

- 오크리프(또는 잎채소) 한 줌
- 잡곡밥 3큰술
- 낫토 1팩
- 오이절임(38쪽) 약간
- 당근라페(31쪽) 약간
- 아보카도 ½개
- 시판 참깨 드레싱
- 아몬드 약간
- 깨 취향껏

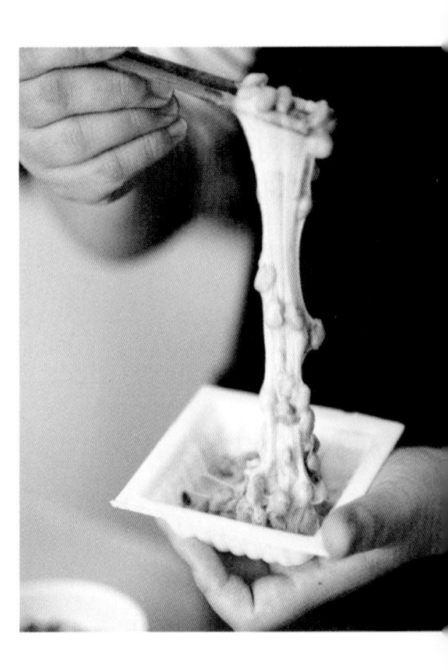

① 그릇에 좋아하는 샐러드용 잎채소를 한 입 크기로 잘라 담고, 잡곡밥을 올려 주세요.

② 낫토는 동봉된 소스를 모두 넣고 열심히 휘저어 줍니다. 오래 저으면 낫토의 끈끈한 실 같은 점액질이 쉽게 끊어져요. 잡곡밥 옆에 담습니다.

③ 오이절임과 당근라페, 저민 아보카도를 얹고 그 위로 참깨 드레싱을 뿌려 주세요.

④ 굵게 다진 아몬드를 뿌리고 취향에 따라 깨를 손으로 으깨 뿌려 완성합니다.

닭가슴살
퀴노아볼

퀴노아에 좋아하는 채소들을 섞으면 숟가락으로 퍼먹기 좋은 곡물 샐러드가 됩니다. 부드럽게 삶은 닭가슴살을 얹고 닭고기와 잘 어울리는 오렌지 드레싱을 곁들였어요. 재료가 많이 들어가는 스타일의 샐러드이지만 미리 삶아 둔 닭가슴살이나 절임, 손질해 놓은 채소들이 있다면 조립은 금방입니다.

- 익힌 퀴노아(221쪽) ½컵
- 아이스프릴 한 줌
- 파프리카 ¼개
- 방울토마토 4개 분량
- 닭가슴살 삶은 것 1쪽
- 적양파절임(40쪽) 약간
- 오렌지드레싱(49쪽) 3큰술

퀴노아드레싱

- 올리브유 2큰술
- 레몬 즙 ⅙개 분량
- 소금 약간
- 후춧가루 약간

① 퀴노아와 아이스프릴, 파프리카, 방울토마토를 넣고 올리브유와 레몬 즙, 소금과 후춧가루를 넣어 가볍게 버무려 그릇에 담아 주세요.

② 닭가슴살을 한 입에 먹기 좋은 크기로 썰어 퀴노아샐러드 위에 얹고 적양파절임을 곁들입니다.

③ 오렌지드레싱을 곁들여 완성합니다.

퀴노아샐러드에 어울리는 추천 재료

퀴노아를 기본 베이스로 토마토, 오이, 아보카도, 적양파, 각종 콩류, 케일, 루콜라, 견과류 등 좋아하는 채소들과 재료를 한 입에 먹기 좋은 작은 크기로 썰어 넣어 보세요. 닭가슴살이 없어도 콩을 듬뿍 넣으면 단백질 균형을 맞추기에 좋습니다.

케일오렌지 샐러드

이 샐러드는 냉장고 속 재료를 긁어모아 나온 조합으로 우연히 처음 만들었다가 입맛에 딱 맞아 정착하게 된 메뉴입니다. 토스트나 샌드위치, 파스타 등 탄수화물이 메인일 때 곁들이기 좋더라고요. 첫 입에 느껴지는 감칠맛 좋은 그라나파다노 치즈 풍미와 풍부하게 터져 나오는 오렌지 과즙, 그리고 오독오독 고소하게 씹히는 피스타치오가 포인트입니다.

- 오렌지 1개
- 케일 한 줌
- 피스타치오 취향껏

드레싱

- 다진 적양파 1큰술
- 화이트 와인 식초 2큰술
- 엑스트라 버진 올리브유 2큰술
- 소금 약간
- 후춧가루 약간
- 그라나파다노 치즈 간 것 1큰술

① 오렌지는 껍질을 깎은 뒤 과육을 한 입 크기로 썰어 준비합니다.

② 오렌지에 먼저 다진 적양파와 화이트 와인 식초, 엑스트라 버진 올리브유, 소금, 후춧가루를 넣어 가볍게 버무립니다.

③ 한 입 크기로 썬 케일과 그라나파다노 치즈, 피스타치오를 넣어 한 번 더 버무려 완성합니다.

감자샐러드

햇감자가 나올 때면 막 쪄낸 감자가 무척이나 달게 느껴질 때가 있거든요. 소금만 콕 찍어 먹어도 맛난데, 향긋한 딜을 듬뿍 더해 그릭요거트드레싱에 버무려 먹으면 산뜻하면서도 참 깊은 맛이 납니다. 감자는 전자레인지로 익히면 조리 시간도 휘리릭, 금방입니다. 단백질을 챙기려고 반숙란을 곁들여 먹었는데 달걀을 빼고 고기 요리의 가니시로 곁들여도 잘 어울려요.

- 감자 3개
- 소금 약간
- 그릭요거트딜드레싱(48쪽) 3큰술
- 미니오이 1개
- 딜 취향껏

선택 재료

- 반숙란 3개
- 잣 적당량

① 감자는 껍질을 벗기고 한 입에 먹기 좋은 크기로
썰어 물에 헹군 뒤 전자레인지로 익힙니다.
내열용기에 감자를 담아 소금을 약간 뿌려
밑간을 한 뒤 랩을 씌워 6~7분 정도 가열합니다.

② 감자가 한 김 식으면 그릭요거트드레싱을 3큰술
정도 넣어 버무립니다.

③ 오이를 얇게 썰어 더한 뒤 가볍게 한 번 더 섞어 그릇에 담습니다. 반숙란과 잣을 뿌린 뒤 다진 딜을 취향껏 뿌려 완성합니다.

병아리콩 통샐러드

통샐러드는 일명 자 샐러드*jar salad*로 유명합니다. 원통형 유리용기인 자*jar*에 차곡차곡 담아 프렙해 두고 먹는 샐러드인데 유리병 대신에 제가 자주 쓰는 통에다가 담아서 먹으니 훨씬 편하더라고요. 통 맨 아래에는 숨 죽지 않고 단단한 재료를 담고 좋아하는 드레싱을 깐 뒤에 그 위로 재료를 차곡차곡 쌓으면 됩니다. 병아리콩은 육류 없이도 단백질을 챙겨 먹을 수 있고, 드레싱에 버무리면 잘 상하지도 않아 통샐러드의 단골 재료입니다. 신선한 재료로 만들면 3~4일은 맛이 살아 있더라고요.
샐러드 프렙을 하는 날에 두세 통 만들어 도시락으로도 먹고,
배고프고 귀찮을 때 꺼내 먹기에 좋습니다.

- 삶은 병아리콩(223쪽) 3큰술
- 토마토 ½개
- 다진 양파 1큰술
- 버터헤드 레터스 한 줌
- 잼드레싱(48쪽) 3큰술

선택 재료

- 오이 적당량
- 파프리카 적당량
- 캐슈너트 적당량

① 준비한 재료들은 숟가락으로 퍼먹기 좋은 작은 크기로 비슷하게 썰어 준비합니다.

② 통에 병아리콩을 넣고 드레싱을 부어줍니다.

③ 그 위로 양파, 토마토, 오이,
잎채소를 차곡차곡 담아 뚜껑을
덮어 보관합니다.

④ 통 위에 그릇을 덮어 뒤집은 뒤
취향에 따라 캐슈너트를 뿌리고
골고루 비벼 먹어요.

수박 샐러드

큰 수술 후 회복하며 입맛이 없을 때 가장 많이 먹고, 이후에도 여름철이면 떨어지지 않게 냉장고에 가득 채워 둔 것이 바로 수박입니다. 저에게는 유난히 애정이 가고 입맛을 당기게 하는 과일이랄까요. 그냥 먹어도 맛있지만 소금과 허브를 곁들이면 수박의 색다른 매력을 발견할 수 있습니다. 신선한 우유 향 가득한 부라타 치즈와 함께 하면 더욱 조화롭습니다.

- 수박 300g
- 바질 잎 3장
- 와일드 루콜라 한 줌
- 라임 ¼개
- 소금 약간
- 부라타 치즈 1덩어리
- 후춧가루 약간
- 엑스트라 버진 올리브유 2큰술

① 수박은 껍질을 제거한 뒤 한 입 크기로 썰고, 바질도 잎만 채 썰어 준비합니다.

② 그릇에 와일드 루콜라를 깐 뒤 수박을 올리고 라임 즙과 소금을 뿌려 밑간을 합니다.

③ 수박 위로 부라타 치즈와 바질, 소금, 후춧가루, 올리브유를 뿌려 완성합니다. 취향에 따라 라임 즙을 더 뿌려 드세요.

들깨단호박 샐러드

미니 단호박 보우짱은 달큰하고 알찬 식감으로 맛있고 예쁘면서 실온에 보관해도 꽤나 오래 신선한 상태가 유지되어 관상용으로 보다가 먹어 치우는 다용도 채소입니다. 고소하고 크리미한 드레싱에 버무리는 샐러드를 제법 좋아하는데 서른이 훌쩍 넘은 나이가 되니 마요네즈 베이스의 드레싱은 왠지 듬뿍 사용하기가 망설여지는 거예요. 이런 저런 조합으로 드레싱을 테스트하다가 보드라운 거피 들깨가루에 곱게 간 마늘과 디종 머스터드를 섞으니 얼추 비슷한 질감에 들깨의 진한 고소함이 마요네즈의 아쉬움을 달래주는 맛이 나더라고요. 들깨 드레싱은 만들어 두고 시간이 지나면 불어서 더 부드럽고 뻑뻑해지니 3~4회 먹을 양을 만들어 냉장 보관해 두어도 괜찮을 것 같아요. 단호박은 전자레인지로 쪄도 충분히 잘 익고요, 껍질을 깨끗이 씻으면 그대로 먹어도 부드러우니 껍질 벗기는 번거로움도 그냥 넘어가 보세요.

✦

- 미니 단호박 2개
- 굵게 다진 아몬드 1큰술

선택 재료

- 현미 크리스피 약간

들깨드레싱

- 거피 들깨가루 2큰술
- 메이플 시럽 1큰술
- 간장 1큰술
- 마늘 ½쪽
- 식초 1큰술
- 디종 머스터드 1큰술

① 미니 단호박은 깨끗이 씻어 반을 갈라 씨를 제거한 뒤 웨지 모양으로 썰어 주세요.

② 단호박에 물을 가볍게 묻혀 내열용기에 담은 뒤 랩을 씌워 전자레인지로 6분간 가열해 익히고 한 김 식힙니다.

③ 들깨드레싱 재료를 볼에 모두 넣고 고루 섞습니다. 이 때 마늘은 그레이터로 아주 곱게 갈아 넣어야 맛이 잘 어우러집니다.

④ 식힌 단호박과 아몬드를 넣고 골고루 버무려 그릇에 담아 주세요. 현미 크리스피를 뿌려 완성합니다.

소고기버섯 샐러드

이 샐러드는 한 접시에 아주 많은 요소가 들어가는데요. 샐러드 프렙으로 만드는 조립식 샐러드의 끝판왕이랄까요. 저는 준비해 놓은 재료가 많을 땐 호사스럽게 이것저것 올려 먹습니다. 사실 샐러드 채소와 구운 소고기와 버섯절임 정도면 얼추 먹을 만한 조합이 됩니다. 이번 소고기버섯샐러드의 재미난 맛 조합은 고수와 사워크림이에요. 텍스멕스 스타일로 먹고 싶었거든요. 이런 식으로 소고기를 샐러드와 먹을 때에는 다른 차가운 재료들 때문에 고기가 쉽게 식기 때문에 지방이 거의 없는 안심 부위가 좋아요. 기름진 고기를 사용한다면 샐러드 위에 고기를 얹는 대신에 다른 재료들과 고기를 분리해서 담아내는 것을 추천합니다.

- 소고기 안심 150g
- 올리브유 1큰술
- 소금 약간
- 후춧가루 약간
- 적로메인 상추 한 줌
- 매실청비네그레트(47쪽) 2큰술
- 버섯절임(42쪽) 2큰술

선택 재료

- 적양파절임(40쪽) 적당량
- 비트절임(34쪽) 적당량
- 다진 고수 적당량
- 캐슈너트 적당량
- 홀그레인 머스터드 ½큰술
- 사워크림 1큰술

① 소고기 안심은 실온에 30분 정도 두었다가 물기를 닦아낸 뒤 올리브유를 골고루 발라 주세요. 달군 팬에 고기를 얹은 뒤 중약불에서 앞뒤로 갈색이 되도록 약 6~7분 정도 노릇하게 굽습니다.

② 고기를 건져낸 뒤 구웠던 팬을 덮어 여열로 보온하며 10분 정도 휴지한 뒤 먹기 좋은 크기로 썰어 소금과 후춧가루로 간을 합니다.

③ 적로메인 상추는 한 입 크기로 썰어
매실청비네그레트에 가볍게 버무려
그릇에 담아 주세요. 버섯절임과 취향에
따라 준비한 재료들을 상추 위로 골고루
올려 담아 마무리합니다.

Part 2
파스타

파스타는 한 그릇 쉽게 후루룩 먹기 좋은 메뉴입니다. 파스타는 면 요리 중에서도 건강하게 먹을 수 있는 편이에요. 파스타 면은 단백질 함량이 비교적 높은 밀을 사용하고요, 천천히 소화돼서 먹고 나서도 배가 오래 든든하거든요. 반찬 없이도 뚝딱 먹을 수 있고, 면만 미리 삶아 둔다면 만드는 시간도 10~15분이면 충분합니다. 저는 면만큼 부재료를 많이 넣고 해 먹는 것을 좋아하는데요. 파스타의 본고장인 이탈리아에서 본다면 살짝 갸우뚱할 수도 있습니다. 그야말로 요즘의 한국식 집밥 파스타랄까요.

파스타를 좋아하지만, 파스타 삶는 게 귀찮아서 자주 해 먹기 어려운가요? 저도 예전에 그랬는데, 이탈리안 레스토랑이나 파스타를 파는 식당에서 면을 미리 삶아 프렙하는 방법을 보고 유레카를 외쳤습니다. 파스타 면을 삶아서 보관하는 방법은 바쁜 이탈리아인들도 종종 사용하는 방법이라고 합니다. 우리도 갓 지은 밥을 제일 좋아하지만 냉장밥이나 냉동밥도 잘 먹잖아요? 물론 바로 삶아 먹는 것이 가장 맛있겠지만, 우리는 매일 지치지 않고 집에서 끼니를 차려 먹는 게 더 중요하거든요.

레스토랑에서는 당일에 사용할 양만 삶아서 보관하지만, 집에서는 소분해서 밀봉하면 조금 더 오래 보관할 수 있습니다. 제가 먹어보니 냉장 보관 시 일주일 정도는 거뜬하고요, 냉동 보관 시 한 달 정도 먹을 수 있어요. 그냥 냉장밥과 냉동밥이라고 생각하면 이해가 편할 거예요. 이 방법은 어쩌다 가끔 밥을 해 먹는 분들에게는 추천하지 않지만, 집에서 매일 밥을 해 먹는 분들에게는 큰 도움이 될 거예요.

이 책에서는 따로 토마토 소스나 크림 소스를 만드는 대신, 간단한 오일 베이스의 파스타 메뉴를 소개합니다. 만약 이것도 번거롭다면, 더 쉬운 방법은 시판 소스를 현명하게 사용하는 것입니다. 좋아하는 채소나 고기를 듬뿍 넣고 시판 소스와 함께 볶아 집밥 파스타를 시작해 보세요. 바쁜 일상 속에서도 빠르고 건강하게 한 끼를 차릴 수 있을 겁니다.

파스타 프렙하기

파스타는 밀가루 면이지만 단백질 함량이 높은 듀럼밀로 만들어 밥처럼 먹기 좋습니다. 이탈리아 사람들은 우리가 쌀밥을 먹는 것처럼 자주 파스타를 해 먹는데, 매일 파스타를 삶기 번거로울 때에는 삶아 두었다가 후루룩 데워 먹는 것에 익숙하답니다. 면을 삶아 두고 먹으면 맛이 없지 않을까 걱정을 하는 분들도 있겠지만, 사실 꽤 괜찮습니다. 물론 즉석에서 바로 삶아 먹는 것이 가장 맛이 좋지만 냉장 및 냉동밥을 데워서 먹을 때처럼 양념을 잘 하고 간을 잘 맞춰 요리한다면 맛있게 먹을 수 있습니다.

① 물 끓이기 : 냄비 크기와 소금이 중요해요

파스타 한 봉지를 다 삶을 수 있을 정도로 큰 사이즈의 냄비를 사용하세요. 물 약 5리터가 들어가는 크기의 냄비나 길쭉한 모양새의 파스타 전용 냄비를 사용하는 것이 좋습니다. 작은 냄비에 물을 적게 넣고 삶게 되면 면이 익으면서 수분을 흡수해 서로 들러붙기 쉽습니다. 준비한 냄비에 물을 3~4리터 정도 붓고 끓여 주세요. 물이 끓기 시작하면 소금을 넣습니다. 소금의 양은 물 1리터당 약 10~13g 정도가 적당한데요, 밥숟가락이나 계량 스푼으로 한 숟가락이면 됩니다. 다른 국수와는 달리 파스타 삶는 물에는 소금을 꼭 넣는 것이 좋은데요. 소면이나 우동면 등 우리가 주로 먹는 면은 반죽 시에 소금을 넣는 경우가 대부분입니다. 소금은 면에 간을 하고 탄력을 주는 역할을 합니다. 파스타는 성분표를 보면 알겠지만 보통은 밀가루에 물만 넣어 반죽합니다. 달걀이 들어간 에그 파스타는 거기에 달걀이 추가로 들어가는데요. 소금 없이 반죽하는 것이 대부분이기 때문에 삶는 물에 소금을 넣어 맛과 식감 모두 살려야 하는 것이지요.

② 면 삶기 : 면이 늘어 붙지 않도록 저어주세요

물에 넣은 소금이 모두 녹으면 파스타 면을 넣고 삶을 차례입니다. 이때 면은 최대한 펼쳐서 넣는 것이 좋습니다. 면은 생각보다 서로 잘 붙어버리거든요. 면을 넣고 1~2분 동안은 틈틈이 저어주는 것도 면끼리 붙는 것을 방지하는데 도움이 됩니다. 프렙용 파스타 면은 제품마다 안내하는 권장 시간보다 3~4분 정도 덜 삶아 건지면 됩니다. 겉으로는 면이 잘 익은 것처럼 보이지만 안쪽에 심지가 충분히 남아 있는 상태까지 익힙니다.

③ 건지기 : 빠르게 식혀요

충분히 익은 면을 건집니다. 저는 남은 수분도 빼면서 구멍을 통해 식도록 큰 채반을 사용하는데, 넓은 쟁반이나 접시를 활용해 완전히 펼쳐서 식히는 것도 좋습니다. 면을 건진 뒤 즉시 올리브유를 2큰술 정도 둘러 골고루 버무립니다. 파스타 면의 전분이 빠져나와 서로 붙는 것도 막고, 남아 있는 수분이 다시 안으로 들어가는 것을 막아 줍니다. 삶자마자 바로 사용할 때에는 면에 기름으로 코팅을 할 필요는 없습니다.

④ 소분하기 : 한 번에 먹을 양만큼 나눠요

파스타가 완전히 식으면 소분을 합니다. 삶은 파스타는 처음 건면일 때보다 무게가 약 2배 정도가 됩니다. 스스로 한 번에 먹기 좋은 양을 정해 나누는 것을 추천합니다. 파스타 1인분 권장량은 건면 기준 100g이고 삶은 면은 약 200g 정도가 됩니다. 제 기준으로는 삶은 면 200g은 양이 많더라고요. 저는 파스타 500g 한 봉지를 삶으면 6~7등분으로 나눕니다. 삶은 면으로 150~160g씩 나눠지게 됩니다. 만약에 늘 밥을 먹는 인원이 정해져 있다면 그 인원이 한 번에 먹을 수 있는 양으로 소분하면 편합니다. 저는 위생팩을 사용해 공기를 쭉 빼고 묶는 방식이 편한데요. 밀폐가 잘 되는 작은 용기가 여러 개 있다면 용기에 소분하는 것도 좋습니다. 다만 큰 그릇에 한 번에 담고 꺼내 먹는 방식은 추천하지 않아요.

⑤ 보관하기 : 냉장 일주일, 냉동 한 달

파스타도 삶은 뒤 밥처럼 냉장 및 냉동 보관이 가능합니다. 냉장 보관은 일주일 정도, 냉동 보관은 약 한 달간 먹을 수 있습니다. 냉장했던 면은 바로 팬에 넣고 볶아 사용하고요, 냉동했던 면도 적당히 해동만 해서 냉장면과 똑같이 쓰면 됩니다. 요리하기 전날 냉장으로 옮기거나 전자레인지 해동 기능으로 녹여도 되고요. 실온에 30분 정도만 둬도 적당히 녹아요.

⊕ 냄비를 꺼내면 파스타 두 봉지를 삶습니다

요리하는 입장에서 늘 느끼는 거지만 큰 냄비는 꺼내고 다시 정리해서 집어넣는 것까지가 참 귀찮은 작업입니다. 마음먹고 큰 냄비를 꺼내면 최대한 잘 써먹고 싶어지거든요. 그래서 파스타 삶는 냄비가 준비되면 늘 두 봉지를 삶습니다. 길쭉한 면 형태의 롱 파스타와 숟가락으로 퍼먹기 좋은 모양의 숏 파스타를 각각 한 종류씩 삶아요. 물도 소금도 물을 끓이는 열도, 나의 에너지도 어쩐지 조금 더 아낀 느낌이랄까요?

집밥 파스타 기본 재료 추천

✦ 프렙용 파스타 면

파스타 면 종류는 약 350가지 모양이 있을 정도로 정말 많습니다. 좋아하는 식감이나 소스의 종류에 따라 선택해서 사용하면 되는데요. 삶아서 두고두고 먹는 프렙용 파스타로는 잘 불거나 찢어지는 넓은 면보다는 모양이 유지가 잘 되는 일반적인 스파게티나 링귀니 정도가 좋습니다. 숏 파스타라면 푸실리나 펜네 정도가 구매하기 쉽고 보관도 용이해요

✦ **엑스트라 버진 올리브유**

맛있는 올리브유는 파스타의 완성도를 섬세하게 올려주는데요. 올리브유에 마늘을 볶아 향을 내는 것을 기본으로 파스타 맛내기가 시작된다고 생각합니다. 요리의 마무리 단계에서 참기름이나 들기름을 둘러 향을 더하는 것처럼, 파스타를 그릇에 담고 올리브유를 휘휘 둘러 내는 것도 포인트 맛이 됩니다. 신선한 풀 향이 나는 것부터 후추 향이나 고소한 향이 나는 것까지, 다양한 올리브유 중에 좋아하는 맛의 올리브유를 골라서 시용하면 됩니다.

✦ **치킨스톡**

감칠맛을 좋아하는 사람이라면 파스타 간의 일부를 맛내기 조미료로 해 보세요. 저는 닭육수를 응축해 액상으로 만들거나 가루로 만든 치킨스톡을 자주 사용합니다. 치킨스톡 대신 굴소스, 쯔유, 참치액, 연두 등 다양한 제품을 응용해서 만들면 됩니다. 다만 재료의 본연의 맛을 해치지 않을 정도로 아주 약간 사용하는 것을 추천합니다. 파스타 1인분 기준으로 대부분의 조미료는 1/2작은술 정도면 충분합니다. 모자란 간은 소금으로 하면 됩니다.

✦ **안초비**

멸치를 염장한 뒤 기름에 담가 숙성시키는 이탈리아 멸치젓갈인 안초비는 감칠맛이 좋은 짠맛을 냅니다. 안초비 특유의 고소하고 짭짤한 맛이 좋아 늘 구비해 두는 재료 중 하나입니다. 올리브유에 안초비와 마늘을 볶아 향을 우려낸 뒤 파스타와 면수(또는 물)을 넣어 볶으면 간단한 안초비 파스타를 만들 수 있습니다. 이 책에 소개하는 방울토마토안초비파스타는 토마토와 안초비가 어우러지는 맛이 특히 좋으니 꼭 한 번 만들어보세요.

✦ **바질 페스토**

바질과 잣, 치즈를 갈아서 페이스트 형태로 만들어 놓은 소스입니다. 바질 페스토를 면과 버무리면 간단하게 파스타를 만들 수 있어요. 다만 열을 가하면 향이 날아가고 쓴맛이 날 수 있으니 가열 조리가 모두 끝난 뒤에 불에서 내려 섞는 것이 좋습니다. 저는 사실 바질 페스토를 소스로 쓰는 파스타는 즐겨 먹지 않는 편이지만 양념으로는 은근히 자주 사용합니다. 파스타 조리 마지막 단계에서 1작은술 정도 넣고 섞어주면 허브를 다져서 넣은 것처럼 향긋함을 더하기가 쉽거든요. 파스타뿐만 아니라 샐러드나 샌드위치 등 허브 향이 필요한 요리에 다진 허브 대신 사용하면 좋습니다.

애호박 토마토파스타

햇빛 가득 받고 자란 제철 애호박은 과육의 밀도가 꽉 차 있으면서도 부드럽게 씹히는 맛이 좋은 채소입니다. 큼직하게 썰어 볶으면 은은하게 느껴지는 달큰한 맛도 매력적이고요. 이 파스타는 애호박의 향과 방울토마토의 산뜻한 감칠맛의 어우러짐이 좋아요. 저는 애호박을 큼직하게 썰어 듬뿍 넣고 애호박을 건져 먹는 맛으로 이 파스타를 즐깁니다. 밑반찬으로만 먹던 애호박의 새로운 매력을 느낄 수 있을 거예요.

- 방울토마토 8개
- 애호박 ⅓개
- 마늘 4쪽
- 엑스트라 버진 올리브유 3큰술
- 소금 약간
- 삶은 파스타 150g
- 물 ½컵
- 치킨스톡(조미료) ½작은술
- 그라나파다노 치즈 약간
- 후춧가루 약간

선택 재료

- 바질 약간

① 방울토마토는 반으로 가르고, 애호박은 길쭉한 모양으로 썰어 주세요.
마늘은 편으로 썰어 주세요.

② 팬에 올리브유를 두르고 마늘을 넣은 뒤 불에 올려서 천천히 가열해 향을 내 주세요.

③ 애호박을 넣어 굽다가 노릇해지기 시작하면 방울토마토를 넣어 함께 익혀 주세요. 이때 소금으로 밑간을 합니다.

④ 토마토가 익어 즙이 나오기 시작하면 삶아 둔 파스타를 넣고 물과 치킨스톡을 넣고 잘 풀어가며 익힙니다.

⑤ 수분이 거의 날아가면 그라나파다노 치즈, 소금, 후춧가루를 넣고 마지막 간을 합니다.

⑥ 접시에 파스타를 담은 뒤 취향에 따라 바질을 잘게 뜯어 올려 완성합니다.

들기름 버섯파스타

버섯을 듬뿍 사용하기 좋은 파스타입니다. 면보다 버섯을 더 많이 넣어서 먹어도 맛있어요. 버섯은 한 가지 종류만 쓰는 것보다 각기 다른 종류로 골고루 넣는 것이 풍미가 더 깊어지거든요. 표고버섯, 새송이버섯, 양송이버섯, 느타리버섯 등 다양한 버섯을 사용해보세요. 이 파스타는 향이 특색 있는 기름인 들기름과 버터를 다 사용하는데 이게 포인트입니다. 두 가지 기름의 독특한 향이 섞이면 고소하면서 구수한 묘한 향이 나는데요. 낯선 조합처럼 보이지만 한 번 맛을 보면 이 어우러짐을 단번에 이해할 수 있을 거예요.

- 표고버섯 4개
- 마늘 4쪽
- 팽이버섯 적당량
- 식용유(포도씨유) 적당량
- 소금 약간
- 삶은 파스타 150g
- 물 ½컵
- 간장 1큰술
- 버터 1작은술
- 레몬 즙 ⅛개 분량
- 들기름 약간
- 후춧가루 약간

선택 재료

- 깻잎 적당량

① 표고버섯은 기둥의 지저분한 끝 부분만 잘라낸 뒤 그대로 두툼하게 채 썰고 마늘은 편으로 썰어 주세요. 팽이버섯은 먹기 좋게 손으로 뜯습니다.

② 팬에 식용유를 두르고 마늘을 넣은 뒤 불을 켜고 약한 불에서 천천히 가열해 향을 내 주세요.

③ 마늘이 노릇하게 익기 시작하면 표고버섯을 넣고 소금으로 밑간을 한 뒤 노릇하게 볶습니다.. 처음에는 버섯이 기름을 흡수하는데, 충분히 노릇하게 익으면 다시 기름이 밖으로 빠져나옵니다.

④ 삶은 파스타와 팽이버섯, 물, 간장을 넣고 풀어가며 익힙니다.

⑤ 수분이 거의 날아가면 소금과 버터, 레몬 즙을 넣고 마지막 간을 해주세요. 레몬 즙의 산미가 버터의 느끼한 맛을 잡고 맛을 더 선명하게 느낄 수 있게 도와줍니다.

⑥ 접시에 파스타를 담은 뒤 깻잎을 잘게 썰어 올리고 들기름을 살짝 둘러 완성합니다.

참치파스타

참치파스타는 식사도 되지만 그보다는 술안주용 파스타라고 부르고 싶어요. 산미 좋은 소비뇽 블랑 품종의 화이트 와인이나 사워 에일과 먹는 상상만 해도 입에 침이 고입니다. 이 파스타의 포인트는 케이퍼입니다. 참치의 감칠맛에 짭조름한 케이퍼가 팡팡 터지는 강렬함을 더해주거든요. 우리가 먹는 케이피는 케이퍼라는 식물의 꽃봉오리를 염장해 식초에 절인 것인데 특유의 향과 산미, 짠맛이 생선에 정말 잘 어울리는 절임류입니다. 파스타를 만들 때 케이퍼를 기름에 볶으면 향이 고소하게 살아나면서 톡 쏘는 신맛은 부드러워집니다. 시금치도 듬뿍 추가했는데, 파스타에 사용하기 좋은 녹색 잎채소라고 생각해요. 씹는 맛도 부드럽고 특유의 향이 없으니 다른 재료들과도 잘 어우러지는 동시에 대부분의 양념도 잘 수용하거든요.

- 시금치 50g
- 마늘 3쪽
- 엑스트라 버진 올리브유 2큰술
- 케이퍼 1큰술
- 삶은 숏 파스타 150g
- 물 ½컵
- 통조림 참치 100g
- 소금 약간
- 레몬 즙 ⅛개 분량
- 후춧가루 약간
- 칠리 페퍼 플레이크

선택 재료

- 연두 1작은술
- 칠리 페퍼 플레이크 약간

① 시금치는 한 입 크기로 썰고, 마늘은 칼 옆면으로 누른 뒤 큼직하게 다져 준비합니다.

② 팬에 올리브유를 두르고 마늘과 케이퍼를 넣고 약한 불에서 천천히 가열해 향을 냅니다.

③ 마늘과 케이퍼 향이 충분히 나면 삶은 숏 파스타와 물, 참치를 육즙과 기름까지 전부 넣고 볶습니다. 그리고 연두와 소금으로 간을 한 뒤 시금치를 넣고 숨이 죽을 정도로만 가볍게 볶습니다.

④ 레몬 즙을 조금 넣은 뒤 후춧가루로 향을 더합니다. 매콤한 맛이 좋으면 취향에 따라 칠리 페퍼 플레이크를 뿌려 한 번 더 섞어 주세요.

방울토마토 안초비파스타

단순한 재료와 그렇게 단순하지 않은 맛. 바로 방울토마토와 안초비 조합의 파스타입니다. 방울토마토를 약한 불에서 뭉근하게 볶아 단맛과 토마토의 풍미를 최대한 끌어 올리는 것이 맛의 포인트입니다. 안초비만으로도 충분히 간이 되는데, 취향에 따라서 마무리 단계에서 소금으로만 추가 간을 하는게 좋습니다.

이야이야 프렌즈의 엑스트라 버진 올리브유는?

그리스 크레타 섬 코로네이키 올리브 단일품종으로 냉압착 추출해 만듭니다. 풋사과향과 견과류 허브향의 균형잡힌 풍미가 좋고 올리브 특유의 향이 강하지 않아 다양한 요리에 잘 어울립니다. 기본 맛 외에도 바질, 마늘, 레몬 등 가향 제품도 요리에 더하면 재미있는 포인트가 됩니다.

- 마늘 3쪽
- 방울토마토 20개
- 안초비 3~4개
- 엑스트라 버진 올리브유 3큰술
- 삶은 파스타 150g
- 소금 약간

선택 재료

- 다진 파슬리 약간

① 마늘은 칼 옆면으로 눌러 으깬 뒤 굵게 다지고, 토마토는 반으로 갈라 준비합니다.

② 팬에 안초비와 올리브유를 두르고 불을 켜주세요. 약한 불에서 살짝 볶다가 마늘을 넣어 향이 우러나도록 천천히 볶습니다.

③ 마늘이 노릇하게 익기 시작하면 방울토마토를 넣고 소금 간을 한 뒤 중약불에서 천천히 익혀 주세요.

④ 토마토에서 즙이 나오기 시작하면 면을 넣고 물을 부어 풀어가며 볶아 주세요. 모자란 간은 소금으로 하고 취향에 따라 파슬리를 넣고 섞어 완성합니다.

가지크림파스타

늦여름에 시장을 가면 반짝이는 보라색 가지가 잔뜩 쌓여 있는데요. 이것을 보고 있자면 가지를 듬뿍 사용한 요리를 먹고 싶어집니다. 가지를 나물로 먹거나 구워서 한두 쪽 먹는 것으로는 그 마음이 충족이 되지 않더라고요. 가지를 구워서 갈아 만드는 바바가누쉬라는 중동의 요리가 있는데요. 이 방식을 응용해 만드는 가지크림을 만들어 두니 파스타도 말아먹고 빵에도 발라 먹고 크래커도 찍어 먹기 괜찮았어요. 가지를 구워 올리브유를 넣고 곱게 갈면 꾸덕한 크림같은 질감이 됩니다. 유크림같은 농후한 맛은 아니지만 산뜻하면서도 입에 꽉 차는 맛이랄까요. 더하는 재료도 채소뿐이니 채식크림파스타로 먹기도 좋습니다.

- 마늘 3쪽
- 새송이버섯 1개
- 엑스트라 버진 올리브유 3큰술
- 소금 약간
- 삶은 파스타 150g
- 물 ½컵
- 가지크림 5큰술
- 후춧가루 약간

선택 재료

- 그린빈스 50g
- 다진 파슬리 약간

① 마늘은 편 썰어 준비하고, 새송이버섯과 그린빈스는 먹기 좋은 크기로 썹니다.

② 팬에 올리브유를 두르고 마늘을 넣은 뒤 불에 올려서 천천히 가열해 향을 냅니다.

③ 새송이버섯과 그린빈스를 넣고 소금으로 밑간을 한 뒤 볶습니다.

④ 삶은 파스타면과 물을 넣고 잘 풀어서 면이 다 익고 재료들과 어우러지도록 볶습니다.

⑤ 불을 끈 뒤 가지크림을 넣고 고루 섞습니다. 모자란 간은 소금으로 맞춥니다.

⑥ 그릇에 담은 뒤 여분의 엑스트라 버진 올리브유를 한 번 더 둘러 향을 내고 취향에 따라 후춧가루와 파슬리를 뿌려 완성합니다.

Plus Recipe

가지크림

가지를 팬에 구워 간단하게 만드는 가지크림입니다.

- 가지 2개
- 마늘 1쪽
- 레몬 즙 ½개 분량
- 엑스트라 버진 올리브유 2큰술
- 연두 1큰술
- 소금 약간

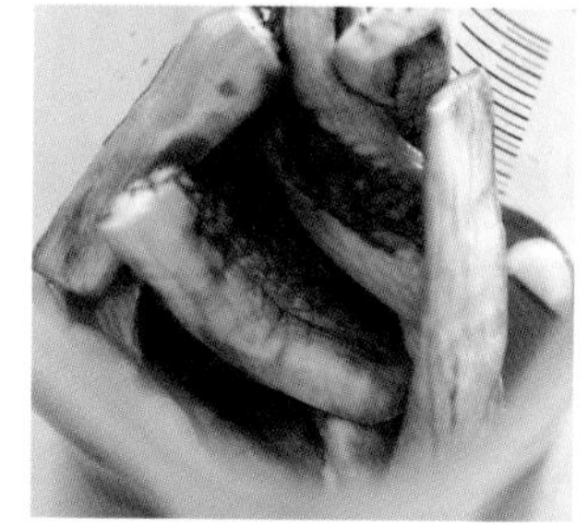

① 가지는 껍질을 벗긴 뒤 반으로 썹니다.

② 팬을 달군 뒤 기름을 두르지 않고 가지를 앞뒤로 노릇하게 구운 뒤 식힙니다.

③ 믹서에 구운 가지와 마늘을 넣고 레몬 즙을 짜 넣은 뒤 올리브유와 연두를 넣어 곱게 갈아 주세요.

④ 소금으로 간을 해 완성합니다.

부라타완두콩 새우파스타

나름대로 신선해 보이는 이 파스타는 알고 보면 주재료인 완두콩과 새우, 부라타 치즈까지 모두 냉동 제품을 활용했어요. 집밥 생활을 유지하려면 냉동으로 보관할 수 있는 재료들을 잘 활용하는 것이 큰 도움이 됩니다. 레토르트 제품이나 밀키트 제품이 아니더라도 신선함을 그대로 얼린 재료라면 건강한 집밥을 만들 수 있거든요. 냉동 새우는 소금물에 담가 해동하면 맛이 싱거워지지 않고 식감도 살려 해동할 수 있습니다. 부라타 치즈는 사용하기 하루 전날 냉장고로 옮겨 놓는 것이 좋고요. 완두콩은 냉동 상태 그대로 사용하면 됩니다.

- 마늘 4쪽
- 양파 ¼개
- 새우 8마리
- 엑스트라 버진 올리브유 3큰술
- 삶은 숏 파스타 150g
- 물 ½컵
- 치킨스톡(조미료) ½작은술
- 냉동 완두콩 3큰술

선택 재료

- 소금 약간
- 부라타 치즈 ½개
- 후춧가루 약간
- 바질 약간

① 마늘은 편으로 썰고, 양파는 다져서 준비합니다.

② 새우는 키친타월로 닦아 물기를 제거한 뒤 등쪽에 칼집을 넣어 손질합니다.

③ 팬에 올리브유를 두르고 마늘과 양파를 넣고 불을 켭니다. 약한 불에서
천천히 가열해 향을 내며 색이 날 때까지 볶아 주세요.

④ 새우를 넣고 반쯤 익으면 삶아 둔 파스타를 넣고 물을 부어 풀어 주세요.
치킨스톡을 넣어 감칠맛을 더한 뒤 완두콩을 넣고 한 번 더 볶습니다.
취향에 따라 소금으로 간을 해 그릇에 옮겨 담습니다.

⑤ 부라타 치즈를 먹기 좋게 뜯어 올린 뒤 엑스트라 버진 올리브유를 뿌려 향을 더합니다. 취향에 따라 후춧가루와 바질을 뿌려 완성합니다.

달걀프라이 파스타

몸이 무척 피곤하던 날 누워 쉬면서 유명 이탈리안 요리사인
파브리 셰프의 레시피 영상을 우연히 보게 되었는데, 그가 만들던 달걀프라이파스타가
너무 궁금하더라고요. 동거인에게 만들어 달라고 부탁해 처음 맛본 달걀프라이파스타는
무척 고소하고 누가 만들어도 맛내기가 쉬운 파스타였어요. 그래서 여러 번 만들어
먹으며 제 입맛대로 레시피를 만들었습니다. 단단하게 익은 달걀이 면과 어우러지는
식감이 제법 좋습니다. 오리지널 까르보나라와 재료는 비슷한데 맛은 완전 달라요.
달걀과 파르메산 치즈, 마늘, 올리브유… 그리고 중요한 포인트는
가루 후추가 아닌 통후추를 즉석에서 갈아 올리는 것입니다.

- 마늘 4쪽
- 엑스트라 버진 올리브유 3큰술
- 파르메산 치즈 3큰술
- 달걀 3개
- 삶은 파스타 150g
- 물 ½컵
- 소금 약간
- 통후추 약간

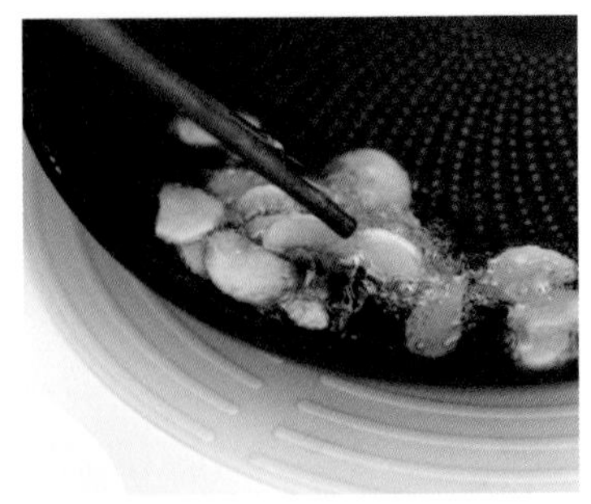

① 마늘을 편으로 썹니다. 팬에 올리브유를 두르고 마늘을 넣어 가열해 약한 불에서 천천히 향을 냅니다. 색이 나도록 볶다가 건져 주세요.

② 마늘을 볶는 동안 파르메산 치즈를 갈아 준비합니다.

③ 마늘을 건져낸 기름에 달걀을 넣고, 흰자가 단단하게 익기 시작하면 흰자를 먼저 잘게 찢습니다.

④ 삶아 둔 파스타와 물을 넣고 잘 풉니다. 이때 달걀 노른자는 한쪽으로 잠시 밀어 두고 면만 따로 볶습니다.

⑤ 물이 거의 날아가면 불을 끈 뒤 볶아 둔 마늘과 치즈를 넣고 달걀 노른자를 터트려 골고루 섞어 주세요.

⑥ 취향에 따라 소금 간을 추가로 한 뒤 마지막으로 후추를 갈아 뿌려 가볍게 섞어 그릇에 담아 완성합니다.

케일파스타

케일은 냉장 보관하면 한 달도 넘게 신선하게 보관할 수 있는 만만하면서 고마운 채소인데요. 생으로 먹어도 익혀 먹어도 무난하게 맛있거든요. 특유의 향이 없는 재료이기 때문에 바질 페스토를 아주 살짝만 넣어서 향긋함을 더했고 홍고추와 촉촉함이 남아 있게 말린 세미 드라이드 토마토로 맛을 낸 케일파스타를 만들었습니다.

- 케일 잎 4장
- 마늘 3쪽
- 엑스트라 버진 올리브유 3큰술
- 세미 드라이드 토마토 30g
- 삶은 숏 파스타 150g
- 물 ½컵
- 그라나파다노 치즈(가루) 1큰술
- 소금 약간
- 후춧가루 약간

선택 재료

- 홍고추 1개
- 바질 페스토 ½작은술

① 케일은 잘게 썰어 준비합니다. 마늘은 편으로 썰고, 홍고추는 잘게 썹니다. 홍고추 대신 마른 고추나 칠리 페퍼 플레이크를 사용해도 좋아요. 팬에 올리브유를 두르고 마늘과 고추를 넣은 뒤 불을 켜 천천히 가열해 향을 냅니다.

② 마늘이 색이 나기 시작하면 세미 드라이드 토마토를 넣고 볶습니다.

③ 삶아 놓은 숏 파스타와 물을 넣어 풀어가며 볶습니다.

④ 면이 거의 익으면 케일을 넣고 숨이 죽을 정도로만 볶습니다.

⑤ 마지막으로 소금 간을 한 뒤 불을 끄고 그라나파다노 치즈와 바질 페스토, 후춧가루를 넣어 가볍게 섞어 완성합니다.

Part 3
육류

어릴 때는 고기를 참 좋아했는데요. 나이가 들수록 입맛이 변하더라고요. 이제는 채소 위주의 요리가 더 당기고 몸도 그걸 원하지만, 그래도 양질의 단백질은 건강한 식단에서 빠질 수 없는 중요한 요소입니다.

고기를 먹을 때 최대한 담백하게 조리하려고 노력해요. 평소에는 간단히 구워 먹거나 삶아 먹는 걸 제일 좋아하고요. 요리할 여유가 있는 날에는 양념을 해서 볶거나 졸이는 방식으로도 자주 해 먹습니다. 고기를 자주 먹는다면 3~4회 먹을 분량을 한 번에 구입해 손질해서 냉장 또는 냉동 보관해 두고 필요할 때 꺼내 쓰면 편리해요.

닭고기, 돼지고기, 소고기 등 각 육류마다 몇 가지 기본 손질법을 익혀 두면 집밥 생활이 훨씬 편해져요. 예를 들어 닭고기는 염지해 두면 촉촉하고 맛있게 먹을 수 있고, 5분만 가열해서 삶는 법은 노력 대비 육즙과 부드러움이 제대로 살아 있어 좋아요. 돼지고기는 수육으로 미리 만들어 진공 포장해 보관하면 며칠간은 간단히 고기 반찬을 먹을 수 있어요. 앞다리살은 간장 양념장에 재워 냉동 보관해 두면 바쁜 날에 유용하고요. 소고기는 고기를 삶으면서 나오는 육수까지 알차게 사용할 수 있습니다.

요즘은 도축 환경이 좋아지고 유통 기술이 발달하면서 고기의 신선도가 과거와는 비교할 수 없을 정도로 많이 개선되었어요. 덕분에 복잡한 양념을 사용하거나 번거로운 방법으로 고기의 잡내를 없애지 않아도, 대부분 신선한 고기로 요리하면 깔끔하고 담백한 맛을 낼 수 있어요. 그래서 이제는 간단한 소금, 후추 정도만으로도 고기의 본연의 맛을 즐길 수 있어요. 고기 자체의 맛이 좋아서 오히려 양념을 과하게 하지 않는 게 더 맛있게 느껴질 때가 많아요. 제가 만드는 순살 갈비찜을 보면 물에 담가 핏물 빼는 과정도 없고, 양념장도 간단합니다.

다만 육류는 식단의 균형을 맞추기 위해 적당히 먹는 게 중요하다더군요. 채소와 곡류를 곁들여서 먹으면 더 건강한 한 끼가 되고, 다양한 소스를 활용해 맛의 변화를 주면 질리지 않게 즐길 수 있답니다. 무엇보다 중요한 건 부담 없이 자주 해 먹을 수 있는 나만의 가장 최선의 방법을 찾는 거예요. 집밥 생활이 지속 가능하려면 맛있으면서도 너무 번거롭지 않아야 하니까요.

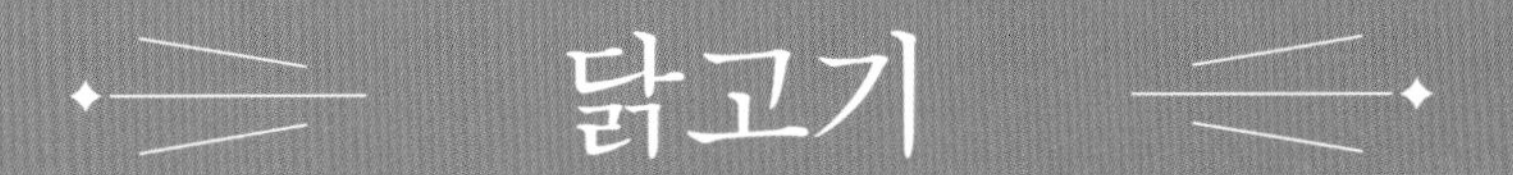

닭고기

닭고기는 가슴살과 닭다리와 허벅지살을 발라놓은 닭 정육을 주로 사용합니다. 살코기만 발라 두어 손질도 쉽고 한 쪽씩 먹기에도 편리하거든요. 특히 닭 가슴살은 비상용으로 냉동육도 자주 구입합니다. 냉동 닭 가슴살은 사용하기 하루 전날 냉장실로 옮겨 냉장 해동해 두면 육즙 손실이 적어요. 닭 가슴살은 단백질 섭취가 편한 순살이지만 닭 한 마리를 놓고 보면 제일 기름기가 없어 퍽퍽한 부위입니다. 하지만 어떻게 조리하느냐에 따라 퍽퍽한 닭 가슴살도 촉촉하게 익혀 맛있게 먹을 수 있어요. 제가 선호하는 부위는 닭 다리살입니다. 기름지고 육질도 더 부드럽거든요. 하지만 이런 기름진 닭 다리살도 그냥 구우면 의외로 뻣뻣해지기도 합니다. 닭고기를 염지해 더욱 촉촉하게 굽는 방법은 저와 함께 일했던 셰프님에게 배운 방법인데요, 고기를 양념장에 재우듯이 염지해 두면 육즙도 살아있고, 간도 되어 더욱 맛있게 먹을 수 있어요.

닭 가슴살

냉동 닭 가슴살

닭 다리살

닭고기 프렙

닭 가슴살 부드럽게 삶기

특히 샐러드를 주로 먹는 기간에는 닭 가슴살도 늘 구비해 둡니다. 요즘은 바로 먹을 수 있게 가공된 닭 가슴살 제품이 참 많습니다. 특히 수비드 조리법을 활용해 만들어진 닭 가슴살 제품들은 편하고 부드럽게 먹을 수 있지요. 하지만 조미가 되어 있는 경우가 많고, 가격적인 측면에서도 직접 삶아 먹는 것이 합리적입니다. 꾸준히 닭 가슴살이 식단에 올라온다면 결국에는 직접 조리해 먹게 되더라고요. 집에서도 닭 가슴살을 밀봉해 약 60℃ 온도에서 수비드로 익히면 무척 부드러운 식감이 됩니다. 다만 시간이 꽤 걸리고, 집에 수비드 기계를 구비해 두는 것이 조금 번거로운 일입니다. 제가 수 년째 닭 가슴살을 먹는 방법은 끓는 소금 물에 5분 삶는 것인데요. 제법 수비드한 느낌을 낼 수 있습니다. 집에 반려견과 반려묘가 있는데 닭 가슴살은 강아지, 고양이와 나눠 먹기 좋은 음식이기 때문에 가끔은 소금을 넣지 않고 그냥 삶기도 합니다. 그냥 삶으면 고기의 맛은 덜 하지만 육수를 요리에 쓸 수 있어요. 신선한 닭고기는 별다른 재료 없이 맹물에 끓여도 충분히 맛있습니다. 취향에 따라 파, 마늘, 양파 같은 향신 채소나 후추 등을 넣어도 좋습니다. 닭 다리살도 같은 방법으로 삶을 수 있는데, 기름기가 많기 때문에 하루 이틀 지나면 쉽게 냄새가 날 수 있으니 바로 먹는 것이 좋습니다.

① 큰 냄비에 물을 넉넉히 부어 물을 끓입니다. 물이 팔팔 끓기 시작하면 소금을 넣어 녹여 주세요. 물 1리터당 소금 ½큰술 정도를 넣어 간을 합니다.

② 약한 불로 줄인 뒤에 닭 가슴살을 넣습니다. 5분간 가열한 뒤 불을 끄고 뚜껑을 덮어 20분간 둡니다.

③ 닭고기를 건져 펼쳐 식혀 주세요. 국물은 한 번 바글바글 끓여서 식히면 닭 육수로 활용할 수 있습니다.

④ 고기는 하나씩 랩이나 진공 포장으로 밀봉해 소분해 냉장 보관합니다. 냉장 보관하면 3~5일 정도 먹을 수 있어요.

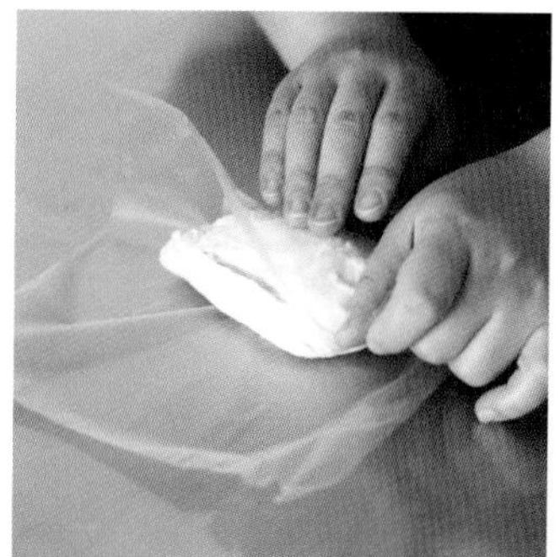

닭고기 염지하기

염지는 짙은 농도의 소금물에 고기를 담가 간이 배도록 하는 것입니다. 염지를 하면 삼투압으로 고기 내부로 소금이 침투하고 근육 수축을 담당하는 단백질인 미오신과 결합해 변성이 일어나게 됩니다. 이때 한 번 변성이 일어난 단백질은 원래 상태로 돌아가지 않기 때문에 가열을 해도 단백질의 수축이 덜하고 수분을 머금어 고기가 촉촉하게 유지가 되는 것이지요. 고기를 간장 양념이나 각종 조미료 양념에 미리 버무려 두면 부드러워지는 원리와 같아요.

고기에 다른 양념을 하지 않고 본연의 맛을 지키면서 부드럽게 하기 위해서는 소금을 기본으로 한 염지가 가장 좋습니다. 염지액을 만드는 것이 번거롭다면 고기 무게의 1% 양의 소금을 직접 뿌려 재우는 방법이 있습니다.

염지는 모든 고기에 이용할 수 있는 방법인데, 닭고기는 부피도 작고 두께도 얇기 때문에 약 1시간 정도면 연육 작용이 적용됩니다. 고기의 두께나 무게에 따라 염지 시간을 늘리면 됩니다.

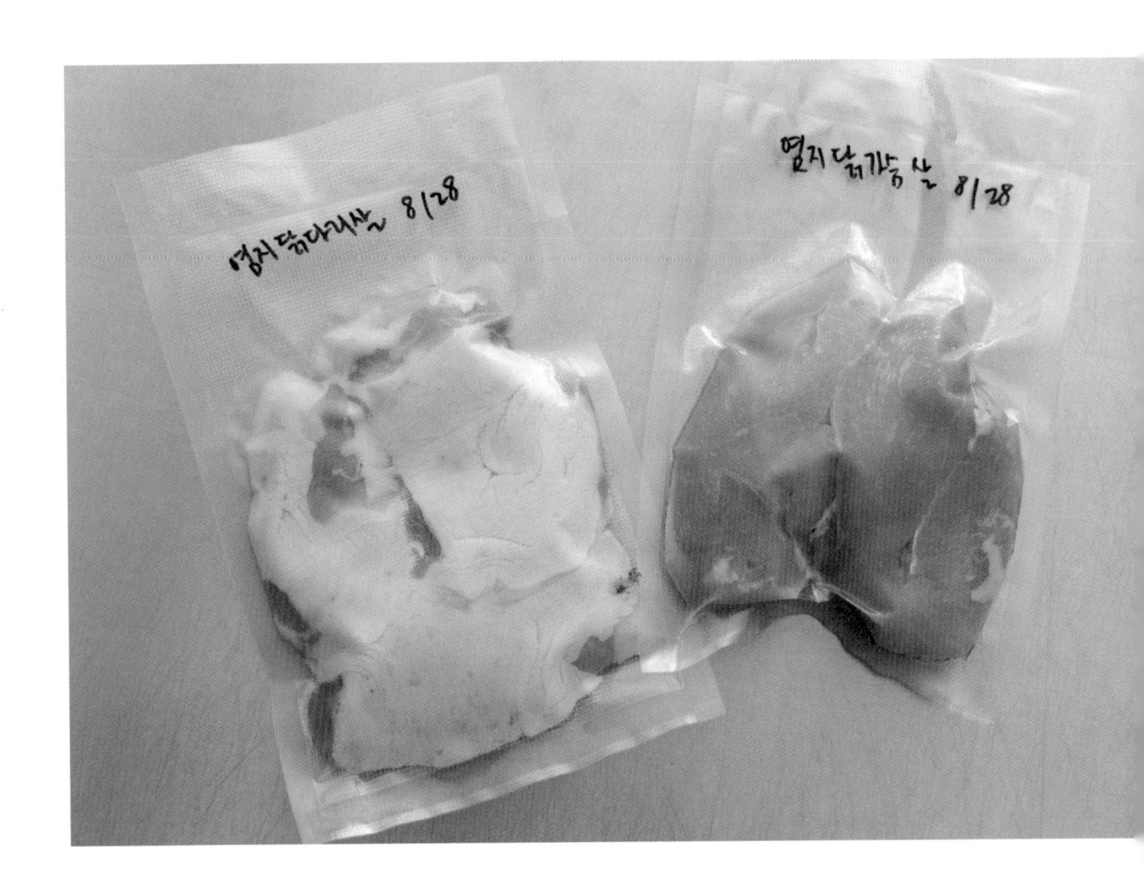

① 따뜻한 물 1컵에 소금 30g(약 2큰술)과 설탕 15g(약 1큰술)을 넣고 녹여 주세요. 입자가 완전히 녹으면 냉수 4컵을 부어서 잘 섞어 1리터 염지액을 만듭니다.

② 염지액에 닭고기를 담가 냉장고에서 1시간 동안 절여 주세요.

③ 물에 가볍게 씻어 채반에 받쳐 물기를 충분히 빼 주세요.

④ 키친타월로 물기를 완전히 제거해 사용합니다. 염지해 둔 닭은 밀봉해서 3~4일간 냉장 보관이 가능합니다.

닭가슴살냉채

새콤달콤한 간장 양념에 시원하게 버무리는 닭가슴살냉채입니다. 슴슴하게 만들어 샐러드처럼 먹으면 좋고 소금을 한 두 자밤 더 넣고 짭조름하게 간을 하면 밥반찬이나 안주로도 훌륭하죠. 마늘은 바로 빻아서 넣어야 더욱 향긋하고요. 오이는 쾅쾅 두드려 조각내 보세요. 쪼개진 오이 단면으로 양념이 더욱 듬뿍 스며듭니다.

- 오이 1개
- 삶은 닭 가슴살 1쪽
- 홍고추 ½개
- 고수 약간

양념장

- 마늘 2개
- 설탕 1큰술
- 간장 2큰술
- 식초 2큰술
- 소금 약간

① 마늘을 굵게 다지고 설탕, 간장, 식초를 넣어 고루 섞은 뒤 입맛에 따라 소금으로 간을 맞춰 주세요.

② 오이는 손이나 밀대로 두드려 조각낸 뒤 먹기 좋은 크기로 썰어 준비합니다.

③ 닭 가슴살은 오이와 비슷한 크기로 찢습니다.

④ 볼에 오이와 닭 가슴살을 담고 양념장을 넣어 고루 섞어 그릇에 담아냅니다.

⑤ 홍고추를 송송 썰어 얹고 고수를 한 입에 먹기 좋게 뜯어 올려 완성합니다.

유자된장소스 닭구이

향긋하고 달콤 짭짤한 된장 양념을 발라 구운 닭 다리살입니다.
닭고기는 유자나 귤, 한라봉, 오렌지 등 시트러스 계열의 과일과 조합이 매우 좋습니다.
이런 시트러스계 과일로 만든 청을 된장과 섞으면 된장의 감칠맛은 살리고 쿰쿰한
향은 자연스럽게 눌러집니다. 이번에는 유자청을 넣어 양념장을 만들었는데, 귤청이나
한라봉청 등 다양하게 응용해도 좋습니다. 닭고기는 양념을 발라 구우면 의외로
수분이 많이 빠져나가 뻣뻣해지기도 하는데요. 닭을 염지해서 사용하면 육질도
부드럽고 촉촉함이 살아 있습니다.

- 염지한 닭 다리살(136쪽) 400g
- 소금 1큰술
- 설탕 1큰술
- 물 1리터

유자된장소스
- 된장 1큰술
- 간장 1큰술
- 유자청 2큰술
- 물 4큰술
- 간 마늘 1개 분량

루콜라무침
- 루콜라 50g
- 소금 약간
- 깨소금 약간
- 들기름 1큰술

① 모든 유자된장소스 재료를 고루 섞어 준비합니다.

② 키친타월로 닭 다리살의 물기를 최대한 제거하고 팬에 식용유를 살짝 두른 뒤 껍질 쪽을 아래로 올려 중간 불로 노릇하게 구워 줍니다.

③ 껍질이 노릇하게 구워지면 뒤집어서 1분 정도만 더 익혀 꺼내 주세요.

④ 유자된장소스를 발라 180℃로 예열한 오븐에 넣어 7분간 익힌 뒤 꺼내어 5분 정도 휴지합니다. 또는 팬에 양념장을 넣고 한 번 끓인 뒤 구운 닭을 넣고 버무리듯 구워 냅니다.

⑤ 그동안 루콜라에 소금과 깨소금, 들기름을 넣고 버무려 그릇에 담아 주세요.

⑥ 닭구이를 한 입에 먹기 좋은 크기로 썰어내 완성합니다.

돼지고기

육류 중 가장 선호하는 건 돼지고기입니다. 요즘은 돼지고기도 수육은 앞다리살을 가장 많이 애용하고, 기름기가 없는 담백한 수육을 할 때에는 안심이나 등심 부위를 사용합니다. 기름기 없는 부위는 팔팔 끓이며 익히면 질겨지지만 저온에서 천천히 익히면 촉촉함과 부드러움이 살아 있습니다. 통째로 구울 때에는 살코기 중간 중간에 지방이 적당히 있는 목살 부위가 좋습니다. 기름이 녹아들면서 전체적으로 부드럽게 익거든요. 기름기 있는 고소한 고기가 먹고 싶을 땐 스페인 이베리코 품종의 갈비살을 고르는데요. 이베리코 품종은 특히 기름이 많은 편에 속해서인지 갈비살이 꼭 소갈비살처럼 생겼습니다. 노릇하게 구운 뒤 갈비찜 양념으로 달콤 짭짤하게 졸여서 먹는 걸 좋아해요. 삼겹살은 두툼하게 썬 구이용보다 얇게 썬 대패삼겹살을 자주 구입합니다. 샤브샤브 재료로 쓰면 딱 좋고요, 숙주나 배추, 양배추 등 채소를 듬뿍 깔고 그 위로 대패삼겹살을 올려 고기가 익을 정도로만 찌면 금방 돼지고기 채소찜을 만들 수 있습니다. 볶음용은 얇게 썬 앞다리살을 애용합니다.

앞다리살 수육용
안심
앞다리살 볶음용
이베리코 갈비살
목살
등심
대패삼겹살

✪ 볶음용 앞다리살 프렙하기

매콤한 걸 잘 못 먹는 저의 최애 고기 반찬은 간장 베이스 양념으로 간을 한 돼지불고기입니다. 직접 간장과 다진 마늘, 설탕 등을 넣어 양념하기도 하는데요. 의외로 고기용 양념장을 늘 구비해 두고 휘뚜루마뚜루 사용합니다. 시판 양념장은 집밥 생활에 무척 도움이 되거든요. 특히 간장 베이스의 소갈비 양념장은 대부분의 육류에 활용도가 높습니다. 고기는 사오자마자 신선할 때 양념에 버무려 보관합니다. 2~3일 내로 먹을 것은 한 끼 분량으로 밀폐용기에 담고, 한 달 내로 먹을 것은 식품용 팩에 담아 밀봉해 넓게 펼쳐 냉동합니다. 먹을 때 파나 양파를 추가해 볶고, 고춧가루를 추가해 매콤한 양념으로 응용해 먹기도 합니다. 심플하게 간장 양념만 했기 때문에 샐러드용 토핑으로도 잘 어울립니다.

① 양념장은 고기 100g 기준으로 간장 1큰술을 기본으로 간을 합니다. 시판 양념장을 쓸 때에는 제품이 제안하는 적당량을 계량해 넣습니다.

② 고기를 버무린 뒤 양념이 골고루 스미도록 5~10분 정도 두었다가 소분합니다.

③ 가정에서 밥 먹는 인원에 따라 소분하는 것이 좋습니다. 1인분은 150~200g, 2인분 300~400g을 기준으로 나눠 주세요.

④ 냉장은 2~3일 내로 먹는 것이 좋고, 냉동 시에는 한 달 내로 먹는 것이 가장 맛있습니다. 냉동은 밀봉한 채로 흐르는 물에 유수 해동을 하거나 먹기 전날 냉장고로 옮겨 냉장 해동한 후 사용합니다.

냉제육

돼지고기를 삶아 차게 식혀 먹는 냉제육은 뜨겁게 먹는 수육과는 다르게 식어서도 촉촉함을 유지하도록 조리하는 것이 중요합니다. 가장 기본은 짭조름하게 간을 한 소금물에다 삶는 것인데요. 끓는 물에 넣어 5분~20분간 가열한 뒤 불을 끄고 그대로 30분 정도 담가 여열로 익힙니다. 등심이나 안심은 기름기가 거의 없어 닭 가슴살 대신 단백질 섭취용으로도 적당합니다. 기름기가 있는 고소한 부위가 좋다면 껍질이 붙어 있는 앞다리살을 추천합니다.

- 물
- 소금
- 돼지고기
  (앞다리살, 등심, 안심 등)

① 큰 냄비에 물은 3리터 정도 넉넉하게 부어 준비합니다. 물 1리터당 소복하게 1큰술 정도의 소금이면 적당합니다. 소금을 넣으면 고기에 간도 배고 보존성도 높아집니다.

② 물이 끓기 시작하면 고기를 넣고 무게에 따라 시간을 조절해 5분~20분 정도 가열해 주세요. 이때 중약 불로 물이 세게 끓지 않도록 불조절을 해주세요.

③ 불을 끄고 뚜껑을 덮어 30분간 여열로 천천히 익혀줍니다. 고기를 건져 완전히 식혀 주세요.

④ 삶은 돼지고기는 보관 시 공기와의 접촉을 최소화하기 위해 랩으로 꼼꼼히 감싸거나 진공 포장을 하는 것이 좋습니다. 냉장 보관 시 3~5일 정도 안전하게 먹을 수 있어요.

무게 별 가열 시간	
500g 이하	5분
500g~1kg	10분
1kg~1.5kg	15분
1.5~2kg	20분

무수분수육

무수분수육은 고기와 채소에서 나오는 수분을 활용해 익히는 방법입니다. 고기와 채소, 과일의 맛 성분이 농축되어 풍미가 깊고 고기가 탄력 있으면서 부드럽게 익습니다. 무수분수육을 하기 위해서는 재료 자체의 수분이 날아가지 않도록 뚜껑이 무거운 두툼한 무쇠냄비 또는 뚜껑과 냄비의 틈이 거의 없는 스테인리스 냄비를 사용하는 것이 좋습니다. 뚜껑 사이에 틈이 있는 냄비를 사용하면 재료의 수분이 모이지 않고 쉽게 증발할 수 있으니 이때에는 초반에 물을 아주 조금 부어서 익히면 됩니다. 향신 채소는 냉장고 속 다양한 자투리 채소를 모아서 사용하면 좋고요. 사과나 배 같은 과일은 향도 좋고 달큰한 맛을 더해주어 있다면 넣는 것을 추천합니다.

- 대파 1대
- 양파 ½개
- 마늘 10쪽
- 앞다리살 400g
- 굵은 소금 1큰술
- 사과(또는 배) 1개

① 냄비에 파와 양파를 큼직하게 썰어 깔아 주세요. 마늘은 꼭지를 제거하고 넣어 줍니다.

② 채소 위에 앞다리살을 얹고 껍질 쪽으로 굵은 소금을 조금 뿌려 주세요.

③ 사과나 배 등 과일을 얇게 썰어 고기 위를 덮어 줍니다. 처음 가열하는 동안 재료가 타지 않도록 물을 2~3큰술 정도만 넣습니다.

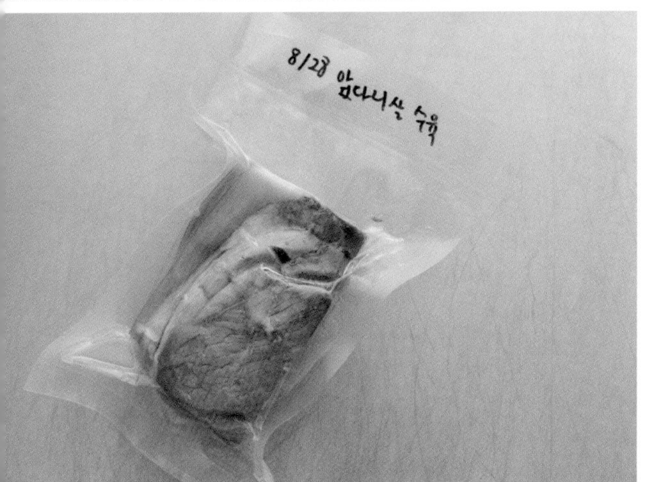

④ 중간 불로 가열해 보글보글 끓는 소리가 들리고 김이 나기 시작하면 약한 불로 줄여 40분간 익혀 주세요. 고기가 양이 많을 땐 50분~1시간 정도 익혀 주세요. 불을 끄고 10분 정도 뜸을 들인 뒤 꺼내 한 김 식힌 뒤 썰어냅니다.

⑤ 남은 고기는 밀봉해 보관합니다. 3~5일 정도 두고 먹을 수 있어요. 밀봉한 봉지라면 봉지째로 10분 정도 중탕 가열하면 부드럽게 먹을 수 있습니다.

Plus Recipe

쪽파겉절이

- 쪽파(실파) 300g
- 액젓 3큰술
- 귤청 또는 한라봉청 2큰술
- 소금 ½작은술
- 고춧가루 1큰술
- 통깨

① 쪽파는 한 입에 먹기 좋은 길이로 썰어 볼에 담아 주세요.

② 액젓을 넣고 가볍게 버무려 15~20분간 절여 줍니다.

③ 귤청, 소금, 고춧가루를 넣고 무친 뒤 통깨를 넣고 한 번 더 버무려 완성합니다.

무수분수육카레

무수분수육을 하고 나면 육즙과 채즙, 부드럽게 푹 익은 채소와 과일을 그냥 버리기가 무척 아깝더라고요. 어느 날은 이걸 버리지 못하고 식혀두었다가 수프처럼 곱게 갈아보니 그 자체로도 너무 맛있는 거예요. 여기에 카레가루를 넣고 끓였더니 전에 느껴보지 못한 깊은 풍미가 있더라고요. 그 이후로는 무수분수육을 하면 카레까지 세트로 꼭 만들게 되었답니다.

- 무수분수육 후 남은 육즙과 채소, 과일 등 약 3컵
- 남은 자투리 고기 적당량
- 카레가루 2큰술

선택 재료

- 버터 1큰술
- 양송이버섯 150g

① 냄비에서 건더기와 육즙을 덜어내 믹서기에 모두 넣고 곱게 갈아 준비합니다.

② 냄비에 버터를 녹인 뒤 반으로 가른 양송이버섯을 넣고 숨이 죽을 정도로만 볶아 주세요.

③ 갈아 놓은 건더기를 냄비에 부어 끓여 줍니다. 이때 갈아 놓은 건더기는 일부 남겨 두었다가 카레가루를 넣고 한 번 더 갈아 섞어 주면 가루가 뭉치지 않고 부드럽게 풀어집니다.

④ 자투리 고기를 넣고 풀어 놓은 카레를 넣어 한소끔 끓여 완성합니다.

저온로스팅 목살구이

돼지고기를 핑크빛이 나는 미디엄으로 구워 먹는 것을 좋아하시나요?
그럼 이 저온로스팅목살구이를 추천합니다. 팬에서 먼저 겉면을 노릇하게 구운 뒤
오븐이나 에어프라이어로 저온에서 굽고, 육즙이 고루 퍼지고 남은 열로 천천히 익도록
오븐의 여열을 활용합니다. 보통은 고기를 190℃ 정도의 강한 불에서 굽는데 이 방법은
160℃ 정도의 온도로 천천히 굽습니다. 이렇게 저온으로 고기를 구우면 촉촉함이
살아 있어 좋고, 고기가 익는 동안 다른 요리를 할 수 있는 시간이 생겨
여러 가지 메뉴를 만들 때 주로 사용하는 방법입니다.

- 목살 600g
- 엑스트라 버진 올리브유 2큰술
- 소금 적당량
- 후추 적당량

소스

- 매실청 1큰술
- 연두 1큰술
- 버터 1큰술

① 목살은 3~4cm 두께로 준비해 키친타월로 겉면의 물기를 완전히 제거합니다.

② 고기에 올리브유를 골고루 펴 발라 주세요.

③ 달군 팬에 고기를 올려 겉면을 모두 노릇하게 구워 줍니다.

④ 채망에 고기를 올려 160℃로 예열한 오븐이나 에어프라이어에 넣고 30분간 익혀 줍니다.

⑤ 호일로 감싸 다시 오븐에 넣고 30분간 여열로 익도록 두고, 꺼내어 10분 정도 휴지합니다.

⑥ 고기를 휴지하면서 나온 육즙에 연두와 매실청, 버터를 넣고 한 번 끓여 소스를 만들어 주세요.

⑦ 고기를 얇게 썬 뒤 소금과 후추로 간을 해 완성합니다.

소고기

수육과 국물용으로는 아롱사태나 양지 부위가 좋아요. 국물도 구수하고 압력솥에 익히면 부드럽게 먹을 수 있거든요. 마블링이 많은 등급이 높은 한우는 가끔 구워 먹는 용으로는 맛이 좋은데 기름기가 많아 자주 먹기에는 조금 물리더라고요. 조리법에 따라 푹 익히는 수육은 지방 함량이 낮은 2~3등급 한우도 좋고요. 미국산이나 호주산 아롱사태도 쉽게 구할 수 있어 자주 구입합니다. 갈비찜용은 뼈가 없는 구이용을 사용합니다. 갈비뼈 사이의 늑간살이 바로 갈비살이라고 부르는 부위입니다. 뼈가 없으니 조리 시간도 짧고 핏물 빼는 과정도 생략되어 편리합니다. 담백하게 구워 먹을 때에는 안심을 사고요, 부채살은 중간에 힘줄이 있지만 잘 익히면 씹는 맛도 좋고 기름기가 적당히 있으면서도 부드러운 부위라 자주 삽니다. 부채살은 원육으로 사도 겉에 있는 지방과 근막만 제거하면 되니 손질이 간단해요.

꾸준히 집밥을 해먹는다면 고기도 대량으로 사두고 소분해 쓰는 것이 경제적입니다. 고기를 소분할 때에 도움이 되는 도구가 바로 진공 포장기인데요. 공기를 빼고 밀봉할 수 있어 변질 위험을 줄이고 보관하기가 편리합니다. 집에서 밥을 먹는 빈도가 들쭉날쭉하다면 소포장 진공 포장되어 있는 것을 구매하는 것을 추천합니다. 유통기한도 길고 고기의 품질 유지가 공기 중 쉽게 노출되는 고기보다 오래가거든요.

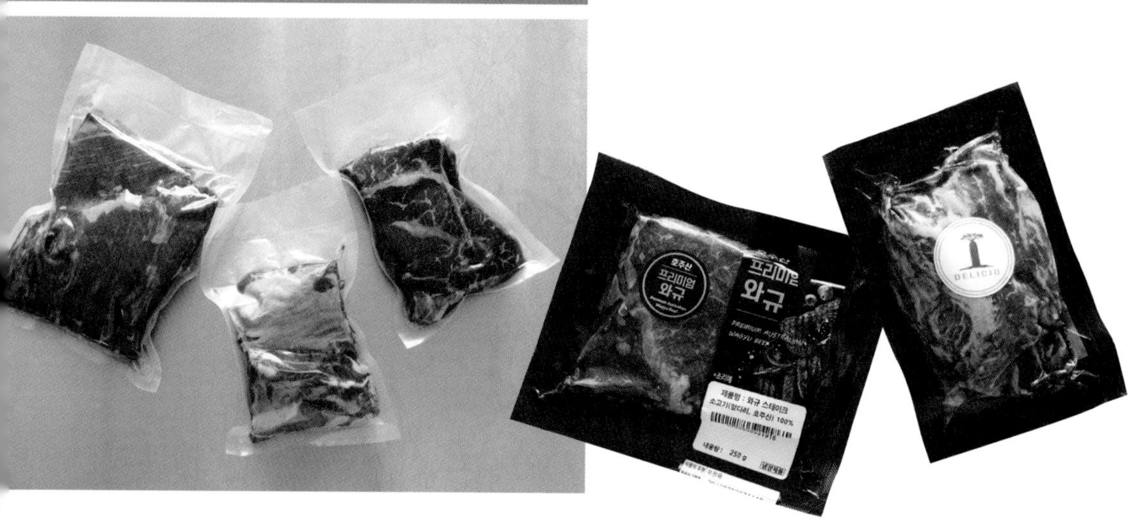

사태 양지 삶기

과거의 조리법을 보면 소고기를 삶아 육수를 낼 때 관습적으로 고기를 물에 담가 핏물을 제거했는데요. 요즘은 육류 가공이 위생적이고 유통도 신선하게 되므로 핏물에서 냄새가 나는 경우가 거의 없습니다. 핏물을 빼면 육수가 맑게 우러나고 거품이 덜 나긴 하지만, 오히려 감칠맛과 영양소가 일부 손실됩니다. 핏물은 가열하면서 응고되기 때문에 신경이 쓰인다면 거품을 걷어내는 정도로 해결할 수 있습니다. 사태나 양지처럼 조직이 단단한 소고기는 압력솥으로 삶으면 시간도 절약하고 부드럽게 익힐 수 있습니다. 압력솥이 없다면 약한 불로 1시간 정도 삶으면 돼요. 이렇게 삶은 고기는 한 김 식혀 얇게 썰어 채소와 함께 수육전골처럼 먹습니다. 육수와 자투리 고기에는 배추를 넣고 된장을 풀어 넣어 폭 끓이면 훌륭한 해장국이 됩니다.

- 사태 600g
- 양지 400g
- 물 2리터
- 소금 1작은술

① 사태와 양지는 겉면에 묻어 있는 수분을 닦아내는 정도로만 손질을 해주세요. 눈에 띄는 지방이나 질긴 근막도 필요에 따라 제거합니다.

② 압력솥에 고기와 물을 붓고 소금으로 살짝 간을 합니다.

③ 뚜껑을 덮어 채결하고 중간 불에서 가열합니다. 끓기 시작하고 추가 돌아가면 약한 불에서 30분간 삶아 불을 끕니다.

④ 압력이 다 빠져나가면 뚜껑을 열어 고기를 건져냅니다. 고기는 밀폐용기에 담아 차게 식혀 사용해요.

⑤ 육수는 한 김 식힌 뒤 체에 키친타월이나 면포를 깔고 불순물과 기름을 걸러내 준비합니다.

소고기수육전골

압력솥으로 익힌 고기는 야들야들하다는 표현이 딱일 정도로 부드럽습니다. 부추와 대파, 버섯 등 간단한 재료를 빙 둘러 담고 육수를 부어 데워가며 먹어요. 초간장에 겨자를 풀어 고기와 채소를 찍어 먹고 국수 사리를 더해 마무리를 하면 근사한 한 끼가 됩니다. 미리 삶아 두고 준비하기가 편하고 비교적 맛내기가 수월해서 손님상에 내기도 좋습니다.

- 삶은 사태와 양지 400g
- 새송이버섯 1개
- 표고버섯 4개
- 부추 한 줌
- 대파 3대

육수
- 소고기 육수 2컵
- 국간장 1큰술
- 소금 약간

① 차게 식힌 고기를 얇게 썰어 준비합니다. 고기가 완전히 식지 않으면 잘 부서지니 냉장고에서 식히는 것도 좋아요.

② 전골용 냄비에 버섯과 부추, 대파를 비슷한 크기로 썰어가며 둘러 담습니다.

③ 중간에 얇게 썬 고기를 가지런히 올려 주세요.

④ 육수에 국간장과 소금을 넣어 섞어요. 끓으면서 채소에서 수분이 나와 싱거워지니 짭조름하게 간을 해주세요.

⑤ 육수를 부어 끓여가며 먹습니다. 취향에 따라 초간장소스를 곁들여요.

고기 찍어 먹기 좋은 초간장소스
간장 2큰술, 설탕 1큰술, 식초 2큰술, 물 3큰술, 겨자 1작은술을 모두 고루 섞어 주세요. 취향에 따라 청양고추나 마늘을 곱게 다져서 넣어도 좋아요.

소고기배추 된장국

진하게 우러난 소고기 육수에 된장을 풀어 넣고 배추를 듬뿍 넣어 끓여보세요. 배추의 감칠맛과 시원한 맛이 진한 고기 국물에 녹아 들어 유명한 맛집 해장국 같은 맛이 납니다. 저는 매운 걸 잘 못 먹는데도 청양고추를 하나 꼭 넣어줍니다. 고추에서 우러나는 칼칼한 맛이 조금 느끼한 소고기 국물 맛을 깔끔하게 만들어 주거든요.

- 소고기 육수 4컵
- 된장 2큰술
- 배추잎 4장
- 대파 1대
- 청양고추 1개
- 삶은 소고기 자투리 1컵 분량
- 마늘 3쪽
- 국간장 약간
- 소금 약간

① 소고기 육수에 된장을 풀어 넣습니다. 된장에 육수를 일부 덜어 개어 넣으면 된장이 덩어리지지 않아요.

② 배추는 한 입에 먹기 좋은 크기로 썰고, 대파도 비슷한 크기로 큼직하게 썹니다. 청양고추는 반으로 갈라 준비합니다. 취향에 따라 청양고추를 송송 썰어 매운맛을 많이 내도 좋아요.

③ 삶은 소고기 자투리와 준비한 채소를 모두 넣어 중간 불에서 끓입니다. 끓어오르면 약한 불로 줄여 20분간 끓입니다.

④ 취향에 맞춰 국간장과 소금으로 간을 해 완성합니다.

순살갈비찜

갈비찜은 앞으로 뼈 없는 갈비살로 만들어 보세요. 손질 과정도 고기 겉면의 수분을 닦아내는 것으로 끝납니다. 뼈의 핏물을 빼는 과정이 생략되니 고기의 맛이 살아있으니 양념을 간단하게만 해도 충분히 진한 맛이 나고, 채소도 버섯과 대파만 넣어도 충분해요. 양념해 끓여 놓은 갈비는 식혀서 냉장, 냉동 보관하면 됩니다. 밀폐용기에 담아 냉장 보관 시 3~5일 정도 먹을 수 있습니다.

- 갈비살 400g
- 버섯 200g
- 대파 1대

양념

- 설탕 2큰술
- 식초 1큰술
- 간장 4큰술
- 굴소스 1큰술
- 마늘 2쪽
- 고춧가루

① 갈비살은 키친타월을 이용해 겉면의 수분을 닦아냅니다.

② 팬에 갈비살을 올려 사방이 노릇해지도록 구워 주세요.

③ 설탕과 식초를 넣고 갈색이 되도록 볶다가 간장과 굴소스를 넣고 섞어 주세요.

④ 갈비가 잠길 정도로 물을 붓고 마늘을 곱게 갈아 넣습니다. 약한 불에서 30분간 끓인 뒤 불을 끄고 여열로 익도록 둡니다. 바로 먹지 않는다면 이 과정에서 냉장 보관하면 됩니다.

① 버섯과 대파는 고기와 비슷한 길이로 썰어 준비합니다.

⑥ 먹기 직전 버섯을 넣고 중간 불에서 양념장이 졸아들도록 끓이다가 대파를 넣고 한소끔 더 끓여 완성합니다. 후춧가루를 취향껏 뿌려 완성합니다.

✦ 굴소스 대신 연두, 참치액, 육수 조미료 등 감칠맛 나는 조미료를 사용하는 것도 괜찮습니다.

Part 4
곡류

한국인은 '밥심'이라는 말을 자주 하잖아요. 사실 저는 이 말에 동의하게 된지 그리 오래되지는 않았어요. 원래 쌀밥을 그렇게 좋아하지 않았거든요. 맛있다고 느낀 것이 그리 오래 되지 않았어요. 직접 밥을 자주 해 먹으면서 생각이 바뀌었어요. 밥이 주는 힘이 꽤 크더라고요. 저는 밥을 먹을 때 구수한 향과 쫄깃하게 차진 식감을 중요하게 생각하는 편이에요. 그래서 향이 없고 찰기가 부족한 밥을 먹으면 뭔가 아쉽고, 밥 한 끼를 제대로 먹었다는 느낌이 덜하더라고요. 다만 밥은 사람마다 취향이 다르기 때문에 정답은 없어요. 집밥을 꾸준히 해 먹다 보면 자신만의 스타일에 맞는 밥을 찾게 돼요. 저도 그래서 여러 품종의 쌀을 섞어서 먹고 있어요. 향이 좋은 향미 품종과 식감이 좋은 쌀을 함께 섞어서 밥을 짓는 거죠. 예를 들어 골든퀸 3호에 고시히카리나 오대쌀을 섞거나, 향진주에 고시히카리를 섞어서 밥을 짓기도 해요. 쌀은 1~4kg 정도 소포장을 구매해서 여러 품종을 다양하게 먹는 편입니다.

요즘은 혈당 조절에 대한 관심이 높아지면서 저탄수화물이나 무탄수화물 식단이 유행하고 있어요. 하지만 탄수화물은 우리가 건강하게 생활하는 데 꼭 필요한 필수 영양소예요. 탄수화물을 지나치게 제한하면 오히려 몸에 무리가 갈 수 있거든요. 밥을 먹는 게 부담스럽다면 포만감을 오래 유지하면서도 혈당을 천천히 올리는 밥을 지어 보세요. 저는 통곡물과 콩을 섞어 짓는 밥을 좋아합니다. 현미, 보리, 귀리, 카무트 같은 통곡물은 껍질에 영양과 섬유질이 풍부해서 도정한 흰쌀보다 훨씬 몸에 좋아요. 여기에 콩을 함께 넣으면 부족한 단백질과 비타민까지 보충할 수 있죠. 무엇보다 맛있어요.

같은 이유로 흰밥은 달고 맛있지만, 자주 먹기에는 조금 부담스럽기도 해요. 대신 솥밥처럼 다양한 재료를 넣어 지을 때 활용하면 좋아요. 솥밥은 재료를 바꿔 가면서 무궁무진한 조합을 만들 수 있어요. 쌀 1컵에 부재료를 넉넉히 넣어서 4~5인분까지 만들기도 하고요. 채소나 고기, 생선 같은 재료를 올려서 밥을 지으면 한 끼 식사로도 충분합니다.

건강한 식단을 유지하고 싶다면 콩류를 적극적으로 활용해 보세요. 콩류는 단백질이 풍부할 뿐만 아니라 섬유질, 철분, 칼슘, 비타민 등이 많아서 몸에 좋은 식재료예요. 병아리콩은 삶아두면 휘뚜루마뚜루 먹기 좋고요. 여름날에는 콩을 갈아 콩물을 만들어두면 가볍게 식사하기에 얼마나 좋은지 몰라요.

내 밥을 책임지는

밥 짓기 도구

각자 자신의 라이프스타일에 맞춰 선호하는 밥솥이 생길 겁니다. 그 도구에 맞춰서 점점 더 입맛에 맞춘 밥을 잘 지을 수 있게 되죠. 저에겐 전기압력밥솥과 르크루제 고메솥밥 라이스 팟이 밥 짓기 친구인데요. 라이스 팟은 특히 중간에 수분 커버가 있어서 끓어 넘치는 것도 막아주니 수분 조절이 쉽고 밥알이 차진 맛이 좋습니다. 잡곡밥을 선호한다면 압력밥솥이 큰 도움이 됩니다. 잡곡을 부드럽게 만들어 주거든요. 그리고 1~2인 가정이더라도 전기압력밥솥은 6인용으로 쓰는 것이 좋더라고요. 왜냐면 누군가 손님이 올 경우도 있고, 매일 밥을 하기가 어려울 때에는 미리 해둔 밥이 집밥 생활에 큰 도움이 돼요.

전기압력밥솥

밥물이 끓어 넘치는 것을 막아주는 라이스 팟의 속뚜껑

르크루제 고메솔밥 라이스 팟

흰쌀밥

◆ 가장 기본적인 백미밥

요즘은 쌀 품종을 골라 먹는 생활을 하기가 좋습니다. 10년 전만 하더라도 지역 표기만 되어있고 품종은 혼합미가 대부분이고, 쌀을 취향대로 골라 먹는다는 것이 쉽지 않았거든요. 제가 좋아하는 쌀 품종을 몇 가지 소개하겠습니다.

① 골든퀸 3호

팝콘이나 누룽지처럼 구수한 향이 납니다. 히말라야 야생벼와 한국 재배 품종을 교배해 개발한 품종입니다. 쫀득하면서 찰기가 있는 편이에요.

② 고시히카리

일본에서 개발된 품종인데 고소한 향과 쫄깃하면서도 부드러운 식감이 납니다.

③ 백진주

농촌진흥청과 안동시농업기술센터가 협업해 개발한 품종입니다. 쌀알이 다른 쌀에 비해 짧은 편이에요 진주처럼 희고 둥글어 백진주라는 이름을 붙였고 밥이 부드럽고 차진 식감입니다.

④ 향진주

가마솥에서 지은 것처럼 구수한 향이 납니다. 찹쌀처럼 쫀득한 느낌도 있어요. 충남농업기술원이 개발했는데, 공공기관 최초로 중간찰 향미로 농가에 로열티 부담을 주지 않는 고마운 품종이라고 합니다.

⑤ 오대쌀

충청북도에서 개발된 품종으로 밥을 지으면 차지고 부드러운 식감입니다. 쌀알도 통통한 편이고요.

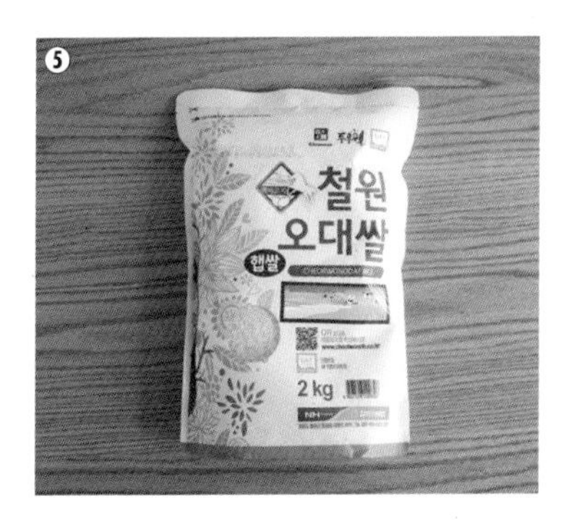

⑥ 신동진

농촌진흥청이 90년대 초 개발한 품종입니다. 수확량이 많고 품질이 우수한 편이라 식당이나 제품으로 많이 쓰인다고 합니다. 신동진은 다른 쌀과 비교하면 쌀알이 큰 편이에요. 향은 약하지만 식감이 좋습니다.

기본 솥밥하기

가장 기본적인 백미 솥밥을 할 수 있으면 그때부터는 다양한 재료를 얹은 솥밥은 응용이 수월합니다. 취향에 따라 물 양을 조금씩 조절하고, 불조절을 해가며 나만의 밥을 지어보세요.

① **쌀 씻기**

처음엔 물을 부어 가볍게 휘휘 저어 빠르게 물을 버려 줍니다. 그리고 2~3회 정도 물을 헹궈가며 쌀을 씻어 주세요. 너무 센 힘으로 쌀을 씻으면 쌀알이 으스러지니 주의해 주세요. 손가락을 벌려 갈고리 모양으로 만들어 쌀을 휘저으면 됩니다

② **불리기 - 물기 빼기**

쌀은 꼭 30분 이상 불려서 사용해야 합니다. 쌀이 물을 충분히 머금어야 속까지 고르게 익거든요. 10분 정도 담가 두었다가 체에 받쳐서 물기를 빼세요. 쌀에 묻어 있는 수분으로 불려도 충분합니다. 물기를 완전히 빼면 밥물 잡기가 수월합니다.

③ **물 붓고 가열하기**

밥물은 쌀과 동량으로 넣으면 됩니다. 밥은 중간 불에서 10분, 약한 불에서 10분 가열해 주세요.

④ **뜸들이고 밥 젓기**

불 끄고 10분 동안 뜸을 들이면 되는데요, 열기가 유지되도록 뚜껑을 열지 않고 뜸을 들입니다. 뜸들이기까지 모두 마친 밥은 바로 저어 주어야 서로 뭉치지 않고 밥알이 알알이 살아 있습니다.

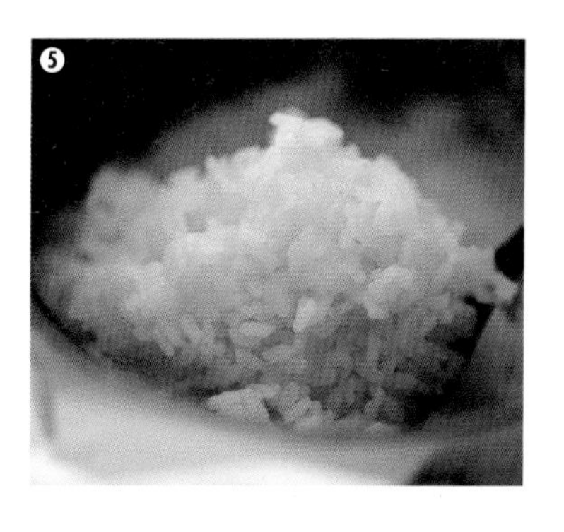

솥밥 재료를 추가할 때

딱딱한 재료는 처음부터 쌀과 함께 익혀 주세요. 솥밥 재료로 수분이 많은 재료를 이용할 때에는 물을 조금 덜 부어도 되고요, 반대로 말린 버섯이나 말린 톳 등 건조한 재료를 넣을 때에는 물을 5~10% 정도 더 넣어야 합니다. 부드러운 채소나 데친 나물은 밥물이 한번 끓어오른 뒤에 넣어도 좋아요. 해산물이나 고기는 따로 익혀서 얹어 주는 것이 익힘 정도를 맞추기에 좋습니다. 생선구이는 뜸 들이기 전에 얹어도 좋고요, 미디엄으로 익힌 고기는 맨 나중에 얹어요. 익히지 않은 해산물은 밥물이 끓은 후에 넣고요, 데친 해산물은 질겨질 수 있으니 맨 나중에 밥에 얹어 비비는 것만으로도 충분히 데워집니다.

삼치솥밥

생선을 올려 짓는 솥밥은 일상을 특별하게 만들어 주는 느낌이 있습니다. 손질된 토막 생선을 사용하면 난이도는 낮지만 생선을 굽는 번거로움이 느껴져서일까요? 특히 삼치는 살이 도톰하면서 담백해 밥과 함께 으깨 먹는 맛이 좋습니다. 생선을 구울 때 수분을 완전히 제거하면 기름이 튀는 것이 줄어들고, 생선에서 비린내도 거의 나지 않습니다. 생선만 잘 구우면 솥밥은 90% 성공입니다. 밥물에 쯔유를 넣어 간을 하는 데, 쯔유 대신 연두나 간장을 써도 좋아요.

- 쌀 1컵
- 삼치살 300g
- 미나리 한 줌
- 대파 ½대

밥물 재료

- 물 1컵
- 쯔유 2큰술
- 맛술 1큰술

재료

- 레몬 ½개
- 버터 1큰술

① 쌀은 깨끗이 씻은 뒤 채반에 받쳐 30분간 마른 불림해 준비합니다.

② 삼치는 키친타월로 가볍게 눌러 물기를 최대한 닦아 주세요. 손에 걸리는 큰 가시는 제거한 뒤 껍질 쪽에 칼집을 넣어 준비합니다. 굽기 직전에 소금 간을 해 주세요.

③ 불린 쌀에 밥물 재료를 모두 넣고 밥을 지어 주세요. 중간 불에서 10분, 약한 불에서 10분 가열합니다.

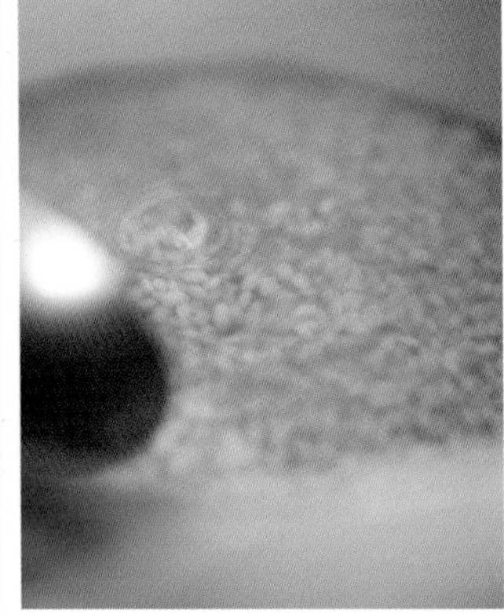

④ 팬에 식용유를 살짝 두르고 삼치 껍질쪽부터 올려 중약 불에서 구워 주세요. 삼치의 두께에 따라 6~7분 정도 굽다가 뒤집고 살쪽은 10~15초 정도만 구워 건져냅니다.

⑤ 밥에 구운 삼치를 올린 뒤 다시 뚜껑을 덮어 10분간 뜸을 들입니다.

⑥ 미나리를 송송 썰어 밥 위에 올리고 대파를 채 썰어 올립니다. 취향에 따라 레몬 즙을 짜 넣어 주세요. 생선살을 으깨가며 고루 섞어 완성합니다. 와사비나 김을 곁들여도 좋아요.

올리브햄솥밥

추석 선물로 스팸을 받은 것이 있어 어떻게 사용하지 고민하다가 올리브를 얹어 밥을 지어 먹었더니 너무 독특하고 맛있더라고요. 레시피를 정리해서 트위터에서 올렸는데 엄청 흥했어요. 그 뒤로 한참 시간이 지난 지금까지도 여기저기 종종 보이는 지의 인기 레시피입니다. 올리브유로 밥을 지으니 윤기가 좌르르 흐르고요. 밥을 뜸들이고 나서도 한 바퀴 조르르 추가하면 산뜻한 향도 나서 좋아요. 저는 스팸을 썼는데 고기 함량이 높은 햄이나 소시지면 뭐든 좋을 것 같네요. 햄과 올리브의 짠기가 밥에 스며들어서 딱 먹기 좋은 간이 됩니다. 조금 더 진한 풍미를 내고 싶으면 파르메산 치즈를 갈아 넣어보세요.

- 쌀 1컵
- 양파 ½개
- 스팸 80g
- 소시지 150g
- 엑스트라 버진 올리브유 6큰술
- 물 1컵
- 치킨스톡파우더 ½큰술
- 올리브 100g

① 쌀은 깨끗이 씻어 불려 물기를 빼 준비합니다.

② 양파는 잘게 다지고, 스팸도 작게 썰어 주세요. 소시지는 둥근 모양을 살려 썰어 줍니다.

③ 솥에 올리브유를 4큰술 정도 두른 뒤 양파를 넣어 노릇하게 볶아 주세요.

④ 스팸을 넣고 가볍게 볶은 뒤 쌀을 넣어 골고루 뒤적이며 쌀알이 코팅이 되도록 볶아 줍니다.

⑤ 물을 붓고 치킨스톡파우더를 넣어 중약 불에서 끓여 줍니다. 끓기 시작하면 바닥면을 가볍게 섞은 뒤 뚜껑을 덮어 10분간 가열합니다.

⑥ 뚜껑을 열고 소시지와 올리브를 올린 뒤 다시 뚜껑을 덮고 약한 불에서 10분간 가열해 주세요.

⑦ 불을 끄고 10분 동안 뜸을 들인 뒤 올리브유를 2~3큰술 더해 골고루 섞어 완성합니다.

차돌박이무솥밥

무를 넣어 만든 갈비 양념에 밥을 비벼 먹는 것을 참 좋아하는데요.
이 차돌박이무솥밥이 딱 그 느낌입니다. 달큰한 무의 채즙과 차돌박이 기름과 육즙이
밥알 사이사이를 코팅해 알알이 고소함이 느껴지거든요. 양념장을 만드는 대신
시판 불고기 양념이나 갈비 양념을 사용해도 좋아요.

- 쌀 1컵
- 무 100g
- 차돌박이 150g
- 송송 썬 부추 적당량

차돌박이 양념장

- 굴소스 1큰술
- 간장 1큰술
- 마늘 1쪽
- 맛술 2큰술
- 후춧가루 약간

① 쌀은 깨끗이 씻은 뒤 10분 정도 불리고 다시 채반에 받쳐 불려 주세요. 30분에서 1시간 정도 불리면 적당합니다.

② 무는 껍질을 벗기고 채 썰어 준비합니다.

③ 차돌박이 양념장을 만들어 준비합니다.

④ 냄비에 차돌박이와 양념장을 넣고 고루 섞어가며 볶은 뒤 건져냅니다.

⑤ 불린 쌀을 넣어 볶다가 무를 얹고 밥물을 부어 밥을 짓습니다. 중간 불에서 10분간 가열한 뒤 차돌박이를 얹고 약한 불에서 10분 더 가열하고 불을 끕니다. 10분간 뜸을 들인 뒤 부추를 뿌리고 고루 섞어 완성합니다.

포슬포슬 달걀볶음밥

향기로운 볶음밥은 파기름이 기본! 파를 잔뜩 넣고 향을 낸 기름에 간장을 넣어 끓이면 한순간에 주방 가득 중국음식 전문점의 향이 나기 시작합니다. 찬밥을 풀어 달걀과 먼저 섞어 주는데 그러면 밥알이 하나하나 코팅이 되어 알알이 날리는 포슬포슬한 볶음밥을 만들 수 있습니다. 밥이 노릇하게 구워지듯 시간을 들여 볶는데, 새우를 먼저 넣으면 수분이 많이 빠져 질겨질 수 있어요. 밥이 어느 정도 볶아지면 그때 새우를 넣어 주세요. 그러면 탱글한 식감이 살아 있습니다.

- 대파 2대
- 식용유 적당량
- 찬밥 150g
- 달걀 3개
- 새우 100g

양념

- 간장 1큰술
- 굴소스 ½큰술
- 소금

① 대파를 송송 썰어 준비합니다.

② 팬에 식용유를 넉넉히 두르고 대파를 약한 불에서 향이 나도록 볶아 주세요.

③ 그동안 찬밥을 알알이 푼 뒤 달걀을 넣고 소금으로 밑간해 섞어 주세요.

④ 새우는 물기를 제거해 준비합니다.

⑤ 파가 노릇하게 익으면 간장을 넣고 바글바글 끓으면 팬 한쪽으로 밀어두고 달걀과 풀어 놓은 밥을 넣어 볶아 주세요. 다양한 채소를 넣어도 좋아요. 그럴 경우에는 밥을 넣기 전에 채소를 먼저 넣고 가볍게 익혀 주세요.

⑥ 밥이 고슬고슬 볶아지면 굴소스와 새우를 넣어 새우가 익고 노릇하게 색이 날때까지 강한 불에서 볶아 완성합니다. 취향에 따라 소금으로 간을 해서 완성합니다.

잡곡

밥에 잡곡을 넣는 것은 다양한 맛을 내기 위해서이기도 하고, 흰쌀에 모자란 식이섬유나 영양소를 더하기 위해서이기도 합니다. 특유의 식감과 향이 있어서 질리지 않고 밥을 해먹을 수 있도록 도움을 줍니다. 요즘은 혈당을 높이지 않는 탄수화물 식사법에 관심이 많습니다. 각종 통곡물에 콩을 넣는 저속노화용 밥이 유행이기도 하고요. 지금은 유행의 시작이지만 점차 건강한 식생활의 기본이 되리라 생각이 듭니다. 잡곡 중에 통곡물은 특히 부드럽게 익히는 것이 중요합니다. 식사를 하면서 소화가 잘 되어야 하거든요. 현미나 카무트, 귀리 같이 속껍질을 살려서 도정한 곡류는 압력밥솥을 사용하는 것이 효과적입니다. 일반 솥밥으로 짓는다면 잡곡을 6시간 이상 충분히 불려주세요. 속까지 수분이 들어가 충분히 불어야 호화가 잘됩니다.

◆ 자주 사용하는 잡곡 추천

① 골든퀸3호 현미

향이 좋은 쌀은 현미로 도정해도 그 향이 좋습니다. 구수함이 살아 있어요.

② 현미찹쌀

찹쌀을 현미로 도정했어요. 당 함량은 일반 현미보다는 높지만 차진 맛이 좋습니다. 일반 현미밥이 소화가 어렵다면 현미찹쌀을 사용해보세요.

③ 찰보리

알알이 탱글거리는 식감이 좋습니다. 쫄깃하고 구수한 맛이 나요.

④ 찰흑미

아주 소량만 넣어도 흑미 향이 전체적으로 풍기는 밥을 지을 수 있어요. 현미처럼 속껍질이 살아 있어 쌀과 1:1 비율로 밥을 지으면 톡톡 터지는 식감과 향이 좋은 밥이 됩니다.

⑤ 호라산밀

고대 이집트에서 유래되었다고 전해지는 고대 곡물입니다. 일반 밀보다 알이 크고 고소해요. 밥을 지으면 찰옥수수처럼 쫀득해요.

⑥ 귀리

보통 가공해 오트밀로 먹는 곡물인데요, 정제하지 않은 귀리는 소화가 천천히 되면서 포만감이 좋습니다. 구수한 향과 담백한 맛이 좋아요.

⑦ 혼합 잡곡

여러 가지 잡곡을 넣어 밥을 짓고 싶을 때 간편하게 쓰기 좋아요. 쌀과 1:1 비율로 넣어요.

◆ 찰기가 적은 샐러드용 잡곡밥

건강을 위해 저탄수화물 식단을 할 때에도 적당량의 탄수화물은 꼭 섭취해주는 것이 필요합니다. 저는 샐러드에 밥을 곁들여 비빔밥처럼 먹는 걸 좋아하는데, 이때는 흰밥이나 찰기가 있는 밥보다는 찰기가 적은 잡곡밥이 잘 어울리더라고요. 카무트나 통귀리, 현미, 보리 등 톡톡 터지는 식감이 있고 섬유질이 많은 곡류를 섞어서 밥을 지어요. 압력밥솥으로 지을 때는 30분 정도로 짧게 불리거나, 불리지 않고 밥을 지어도 충분히 부드럽게 호화가 되고요. 일반 솥으로 잡곡밥을 지을 때는 꼭 충분히 불려서 사용해야 합니다. 압력솥은 일반 솥밥보다 물을 적게 잡아야 하는데요. 전기밥솥을 사용한다면 동봉된 전용 계량컵을 쓰고, 표시되어 있는 물양을 맞춰 넣는 것이 간편합니다.

✦ 잡곡밥 짓기

- 카무트 1컵
- 현미 1컵
- 귀리 1컵
- 찰보리 1컵

① 준비한 잡곡은 믹싱볼에 담아 깨끗이 씻어 물기를 빼 준비합니다. 압력밥솥이라면 30분 정도만 불리거나 씻어서 바로 사용해도 잘 익어요.

② 밥솥에 씻은 잡곡을 넣고 물을 맞춰 붓고 취사를 합니다.

③ 밥이 다 되면 위 아래를 골고루 섞어 주세요.

✦ 소분해서 보관하기

전기밥솥으로 밥을 지으면 자동적으로 보온으로 보관하게 되는데 밥이 따뜻한 온도로 계속 밥솥에 들어가 있으면 푸석푸석해지고 향도 변합니다. 전분이 노화되면서 밥맛이 변하는 것인데요. 3~4시간 안에 먹을 밥이면 보온으로 두었다 먹고, 나머지 밥은 미리 소분해 보관하는 것이 좋습니다. 한 달 이상 오래 두고 먹을 땐 냉동 보관을 하는 것이 저장 기간이 길어져 편리하지만 밥 향과 맛은 냉장밥이 좋은 편이에요. 일주일 내로 먹을 밥은 냉장 보관해 둡니다.

① 밥은 뜨거운 김이 남아 있을 때 소분하는 것이 좋습니다. 다시 데울 때 밥이 더욱 촉촉하거든요.

② 한 번에 먹을 만큼만 작은 용기에 밥을 100~200g씩 옮겨 담습니다.

③ 전자레인지용 내열용기에 옮겨 담아 밥을 데워요. 이때 물을 살짝 뿌리거나 얼음을 한 조각 넣으면 마르지 않고 촉촉하게 데워집니다.

달걀김밥

달걀을 오믈렛처럼 만들어 폭신하고 보드라운 맛이 입안 가득 차는 김밥입니다. 오믈렛 모양이 못생기고 찢어져도 괜찮아요. 밥이랑 함께 말아버리면 결국에는 모양이 잡히거든요. 김밥은 갓 지은 밥으로 해야 맛의 완성도가 높아집니다. 밥이 다 지어지는 시간에 맞춰서 재료를 준비하세요.

- 잡곡밥 1공기(약 150g)
- 달걀 3개
- 쯔유 1큰술
- 맛술 1큰술
- 참기름 약간

밥 양념

- 맛소금 한 자밤
- 깨소금 약간

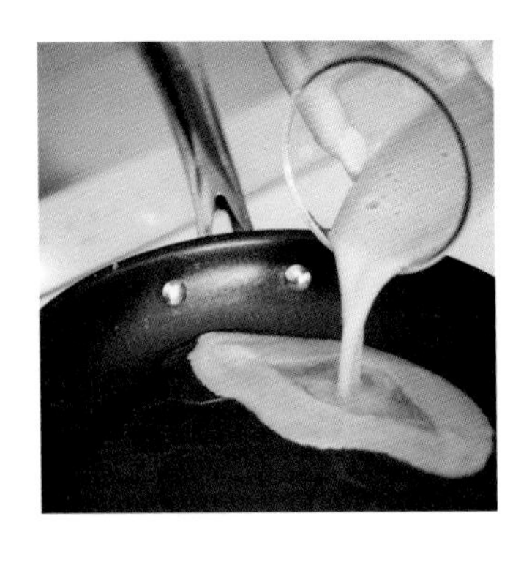

① 달걀에 쯔유와 맛술을 넣어 곱게 풀어 주세요. 핸드블렌더로 5초 정도 갈면 곱게 풀립니다.

② 팬에 식용유를 2~3큰술 정도 두른 뒤 달걀물을 부어 주세요. 스크램블을 하듯이 저어가며 익혀주세요.

③ 달걀이 50% 정도 익으면 양쪽 가장자리를 접어 모양을 만들어 주세요. 팬의 가장자리로 밀어서 옆면을 지지대 삼아 뒤집어 줍니다. 불을 끄고 여열로 익도록 5분 정도 두어요.

④ 밥에 맛소금과 깨소금을 넣고 고루 저어 양념해 주세요.

⑤ 김의 거친 면을 위로 오도록 해서 밥을 얇고 넓게 펼쳐 주세요. 이때 밥을 펴는 손에 힘을 최대한 빼는 것이 뭉치지 않고 밥을 펼치기 좋아요.

⑥ 밥 위에 달걀을 올려 주세요. 넓적한 모양이라 그대로 김밥을 말면 넓적해집니다. 달걀에 길게 칼집을 넣어 반으로 접으면 통통한 김밥을 말 수 있어요. 김의 끝이 밥에 가서 붙도록 반을 접고 손으로 살살 눌러가며 모양을 잡아 주세요.

⑦ 김 윗면에 참기름을 펴 바른 뒤 한 입에 먹기 좋은 크기로 썰어냅니다.

취나물유부초밥

유부초밥이 밥을 정말 많이 먹게 되는 요리잖아요. 그래서 두부를 으깨 넣어 밥과 섞어 만들기도 하고, 두부만 양념해 넣기도 하고요. 여기서는 흰밥 대신 현미밥을 넣고 취나물을 좀 삶아 넣었어요. 밥과 채소를 함께 먹으면 걱정하는 탄수화물 섭취로 인한 혈당 상승이 더뎌진다고 하더라고요. 물론 맛도 좋고요. 유부초밥 키트를 사용해도 좋지만, 유부초밥을 많이 만들거나 자주 만든다면 냉동조미유부와 초대리를 따로 구비해 두는 것도 좋아요.

- 취나물 100g
- 밥 2공기(400g)
- 초대리 3큰술(만든다면 식초 2, 설탕 1, 소금 0.5)
- 조미유부 10장

나물 양념

- 연두 ½큰술
- 소금 약간
- 깨소금 약간

① 끓는 물에 취나물을 부드럽게 삶아 건져 주세요. 줄기를 눌러봤을 때 부드럽게 눌러지는 정도면 좋아요. 찬물에 담가 식힌 뒤 체에 받쳐 물기를 빼 줍니다.

② 취나물의 남은 물기를 가볍게 짠 뒤 작은 크기로 송송 썰어 주세요.

③ 볼에 취나물을 넣고 연두와 소금으로 간을 한 뒤 깨소금을 넣어 무쳐 줍니다.

④ 뜨거운 밥에 초대리를 넣어 간을 하고 살짝 식혀 주세요.

⑤ 밥과 취나물을 고루 섞어 간을 보고, 모자란 간은 소금으로 맞춰 주세요.

⑥ 밥을 10등분한 뒤 유부에 채워 넣어 완성합니다.

퀴노아

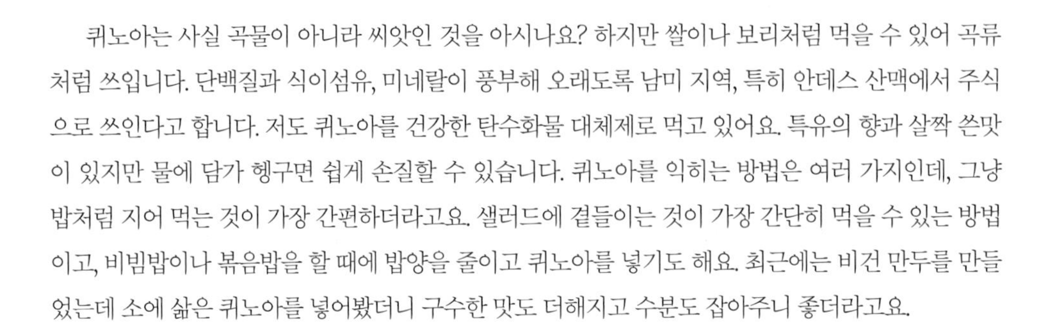

퀴노아는 사실 곡물이 아니라 씨앗인 것을 아시나요? 하지만 쌀이나 보리처럼 먹을 수 있어 곡류처럼 쓰입니다. 단백질과 식이섬유, 미네랄이 풍부해 오래도록 남미 지역, 특히 안데스 산맥에서 주식으로 쓰인다고 합니다. 저도 퀴노아를 건강한 탄수화물 대체제로 먹고 있어요. 특유의 향과 살짝 쓴맛이 있지만 물에 담가 헹구면 쉽게 손질할 수 있습니다. 퀴노아를 익히는 방법은 여러 가지인데, 그냥 밥처럼 지어 먹는 것이 가장 간편하더라고요. 샐러드에 곁들이는 것이 가장 간단히 먹을 수 있는 방법이고, 비빔밥이나 볶음밥을 할 때에 밥양을 줄이고 퀴노아를 넣기도 해요. 최근에는 비건 만두를 만들었는데 소에 삶은 퀴노아를 넣어봤더니 구수한 맛도 더해지고 수분도 잡아주니 좋더라고요.

- 퀴노아 1컵
- 물 2컵
- 소금 약간

① 퀴노아를 물에 여러 번 헹궈 체에 받쳐 물기를 빼 주세요.

② 냄비에 퀴노아의 2배의 물과 소금을 넣고 끓여 주세요.

③ 물이 끓기 시작하면 퀴노아를 넣고 중간 불로 10분, 약한 불로 10분 가열합니다.

④ 불을 끈 뒤 뚜껑을 덮고 10분간 뜸들여 완성합니다. 일주일 내로 먹을 분량은 소분해 냉장 보관하고, 한 달 이내로 먹을 것은 소분해 냉동 보관합니다.

병아리콩

병아리콩은 중동, 지중해, 인도 등의 지역에서 오래도록 주식으로 사용된 콩입니다. 식물성 단백질이 풍부하고 식이섬유가 많은 편이라 포만감도 오래 가요. 저도 꾸준히 단백질 아이템으로 먹고 있지요. 원래는 통조림이나 병조림 제품을 많이 사먹었었거든요. 그런데 마트에서 1+1 세일을 하는 것을 보고 무턱대고 마른 병아리콩 두 봉지를 사왔지 뭐예요. 마른 콩부터 삶으려면 조금 귀찮아 보이지만 해보면 또 은근 쉬워서 삶아두고 먹는 습관이 생기더라고요.

부리가 뾰족한 병아리를 닮아 병아리콩이라는 이름이 붙었어요.

① 병아리콩은 깨끗이 씻어 3~4배의 물을 붓고 불려 주세요. 실온에 두고 불릴 때 여름엔 4시간, 겨울엔 6시간 이상 불리는 것이 좋아요. 반을 갈라봤을 때 딱딱한 심지가 안보이면 적당합니다.

② 불린 콩과 불린 물을 함께 냄비에 넣어 주세요. 콩 1컵당 소금 ½작은술 정도를 넣고 콩 위로 물이 2~3cm 올라오게 부어 삶아 주세요.

③ 중간 불에서 15분, 약한 불에서 15분 삶은 뒤 뚜껑을 덮어 10분 정도 뜸을 들여 주세요. 초반에는 끓이면서 거품이 나는데 이때는 휘휘 저어 주거나 찬물을 약간 넣으면 가라앉습니다.

④ 삶은 콩은 물에 담가 그대로 식힌 뒤 소분합니다. 냉장 보관할 때에는 콩 삶은 물을 잠길 정도로 부어 보관합니다. 냉장 보관 시 3~5일 정도 먹기 좋아요. 냉동한다면 물 없이 소분해 보관하고, 전자레인지에 돌려 해동하거나 실온에 두어 해동해 먹습니다.

병아리콩은 이렇게 드세요

불려서 밥에 넣어 함께 밥을 지어도 되고, 콩만 삶아뒀다가 여기저기 넣어 먹기도 좋습니다. 샐러드에 단백질이 필요할 때 토핑으로 넣어요. 숨이 죽는 재료가 아니기 때문에 드레싱과 함께 미리 담아두는 통샐러드를 만들기도 좋습니다. 카레나 수프에 넣어 먹어도 고소한 맛이 잘 어울려요.

병아리콩두유

병아리콩도 콩이라고 갈아 놓으면 부드럽고 고소한 맛이 납니다. 콩 삶은 날은 두유도 갈아 마시는 날이에요. 서리태나 백태보다 콩 특유의 비린내가 덜해서 가볍게 마시기 좋습니다. 다만 병아리콩두유는 미리 만들어 놓으면 금방 상하더라고요. 1~2일 안에 마실 정도만 금방금방 갈아서 먹어요.

- 삶은 병아리콩 1컵
- 물 2컵
- 소금 ½작은술
- 메이플시럽이나 꿀 취향껏

① 삶은 콩과 물을 믹서에 붓고 소금으로 가볍게 간 해 갈아 주세요.

② 곱게 갈린 콩물의 간을 보고 취향에 따라 단맛을 주는 재료를 추가해 한 번 더 갈아 완성합니다.

검은콩물

아침으로 콩물을 먹으려고 일찍 눈을 뜬 날들이 좀 있습니다. 직접 갈아 먹는 콩물이 얼마나 고소하고 신선한 맛이 나는지. 과장하지 않고 지난 여름에는 콩물만 10번이 거뜬히 넘도록 만들었다니까요. 아침에 콩을 씻어서 불려놓고 나갔다가 저녁에 자기 전에 콩을 삶고 갈아놔요. 바로 만든 것보다 차게 식어 차분해진 콩물이 훨씬 부드럽더라고요. 이 레시피로 만들면 그릭 요거트 실삼의 콩물이 1리터 나오는데요. 꾸덕하고 차르르 윤기가 흐를 정도로 곱게 간 콩물을 소금 간만 해서 그대로 퍼먹는 것이 가장 맛있고요. 걸쭉하게 보관했다가 먹을 때 취향에 따라 물을 타 희석해서 먹으면 됩니다. 백태도 같은 방법으로 콩물을 만들 수 있어요. 백태는 달큰한 맛은 서리태보다 덜하지만 더 담백하고 고소한 맛이 있습니다.

- 서리태콩 200g
- 물 3컵
- 얼음 2컵
- 소금 1작은술

메주콩이라고 불리는 백태

검은콩이라고 불리는 서리태

① 콩을 깨끗이 씻고 물을 부어 6시간 이상 불려 주세요.

② 냄비에 콩 불린 물까지 그대로 넣고 삶아 주세요. 뚜껑을 닫으면 기품이 일어 넘치니 주의해야 해요.

③ 중간 불에서 15분, 약한 불에서 15분간 삶은 뒤 콩 껍질이 터질 정도로 완전히 부드럽게 익으면 이때 뚜껑을 덮어 10분간 뜸을 들여 주세요.

④ 콩은 식히지 않고 그대로 갈아야 곱게 갈리는데, 믹서가 뜨거우면 과열되니 삶은 물과 콩을 모두 믹서에 넣고 얼음을 넣어 급랭해 식히며 갈아 주세요.

⑤ 얼음이 녹고 콩이 갈리면서 한 김 식으면 믹서의 1리터 계량 눈금에 맞춰 물을 추가로 붓고 소금을 넣어 1~2분 정도 아주 고운 질감이 되도록 갈아 완성합니다.

⑥ 콩물은 밀폐용기에 소분해 담고 차게 식혀 냉장 보관합니다. 2~3일 이내로 먹는 것이 가장 좋습니다.

과일과 콩물

콩물에 과일과 허브, 올리브유를 함께 먹으면 우아한 맛의 콩 수프 같아요. 멜론이나 참외 수박, 부드러운 물복숭아 모두 잘 어울립니다. 딜, 바질, 민트같이 상쾌한 향이 나는 허브와 신선한 올리브유를 취향에 따라 곁들여 보세요.

- 콩물 1컵
- 멜론 적당량
- 딜 적당량
- 엑스트라 버진 올리브유 적당량

① 콩물을 그릇에 담고 멜론과 딜을 얹어 주세요.

② 올리브유를 휘휘 둘러 완성합니다.

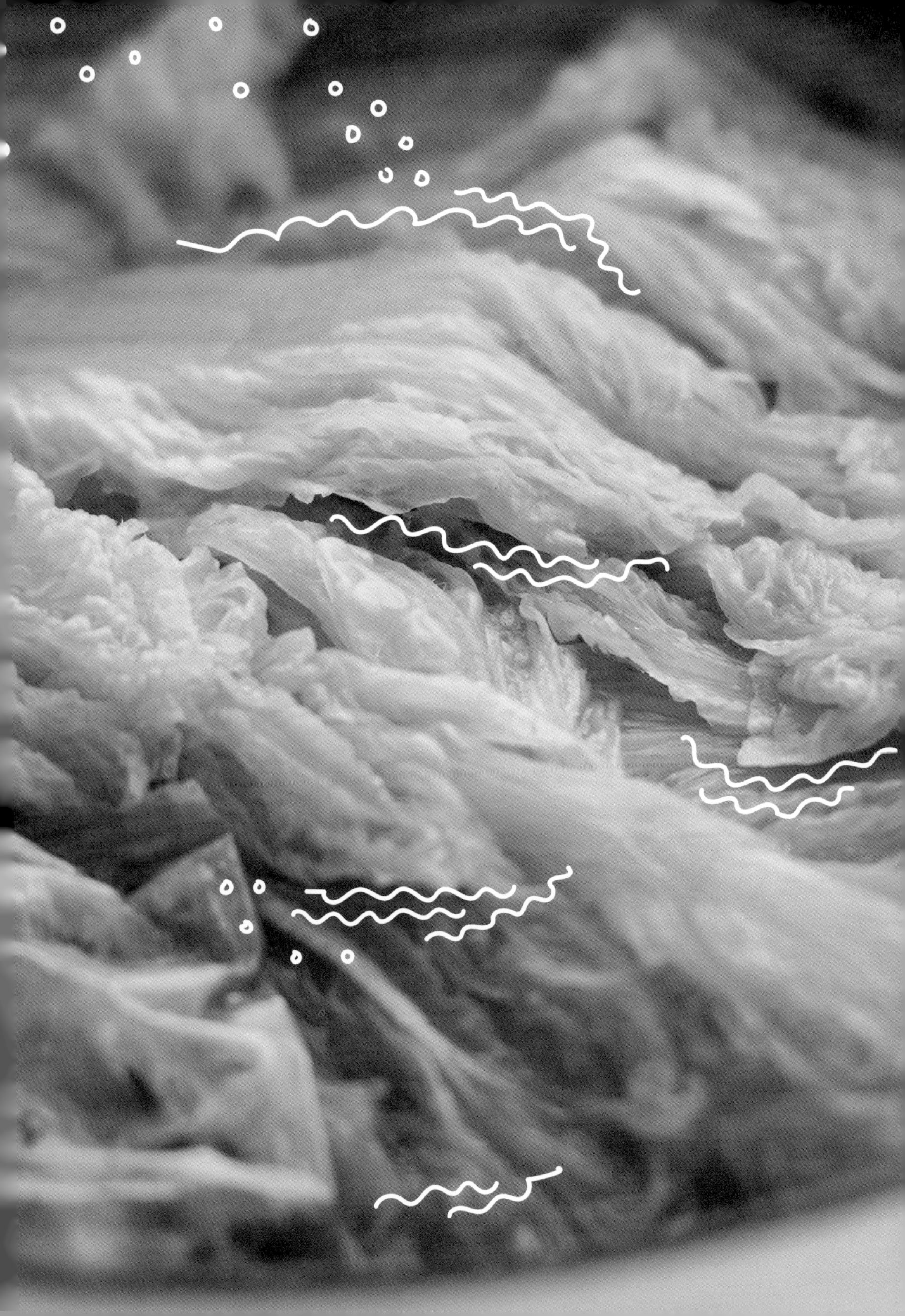

Part 5
묵은지

2025년, 지금의 삼십대는 김치를 직접 담가 먹는 끝자락 세대의 자식들 같아요. 요즘 누가 직접 김치를 담그고 있을까요? 그래도 우리 냉장고 한편에는 여전히 가족들의 사랑이 담긴 김치가 자리하고 있어요. 이제는 김치를 직접 담그기보다 사 먹는 게 더 익숙한 시대지만, 저는 어려서부터 김장 문화에 익숙했거든요. 할머니, 할아버지가 직접 배추, 고추, 무, 대파를 농사지어 4~500포기씩 김장을 담그던 대가족 속에서 자랐어요. 그 시절에는 모든 집이 이 정도로 김치를 담그는 줄 알았죠. 하지만 할머니, 할아버지가 돌아가신 뒤로는 일가친척들이 모여 김장을 담그는 문화가 점점 사라졌어요. 이제는 직계가족끼리 소소하게 모여 적은 양만 담그곤 해요.

작년 겨울, 절임배추 10kg으로 미니 김장을 하는 주제로 수업을 했어요. 수강생들 대부분이 김치를 사 먹거나 부모님에게 받아먹었는데, 시간이 지날수록 자기 입맛에 맞는 김치를 직접 담가 보고 싶다는 생각을 하더라고요. 저도 마찬가지예요. 직접 담근 김치는 사 먹는 김치와는 어쩔 수 없이 다르거든요.

여름이 되면 냉장고 속 깊이 자리 잡았던 김장김치가 어느새 묵은지가 되어 있어요. 이맘때가 되면 묵은지 특유의 콤콤하고 짜르르한 맛이 올라오죠. 특히 1~2인 가정에서는 큰 통 가득 차 있는 익은 김치를 어떻게 다 먹어야 할지 고민이 되기도 해요. 하지만 묵은지를 김치찌개나 김치찜, 김치볶음밥에만 사용하는 게 아니라, 하나의 절임 채소로 생각해 보면 다양한 요리에 응용할 수 있어요.

묵은지의 군내는 대부분 양념에서 오기 때문에 양념을 훌훌 털어내고 물에 헹구면 산뜻하면서도 깊은 맛을 내기 좋아요. 엄마의 김치, 이모의 김치, 고모의 김치, 시어머니의 김치처럼 집집마다 맛이 다르지만, 양념을 헹궈내면 비슷한 결의 맛이 나죠. 저는 이렇게 헹군 묵은지를 활용해서 다양한 요리를 해 먹는데, 특히 푹 익은 묵은지에 들깨가루를 넣고 찜을 해 먹는 걸 제일 좋아해요. 무쳐서 반찬으로 먹어도 별미고, 김밥에 넣어 말아먹다 보면 묵은지가 줄어드는 통이 아쉽게 느껴질 정도랍니다.

묵은지는 한 접시 반찬을 넘어서, 발효된 절임 채소로서 다양한 요리에 활용할 수 있는 재료예요. 이제 묵혀 두기만 하지 말고, 그 맛을 살려 색다른 요리로 즐겨 보세요. 단순한 묵은지 하나로도 집밥 생활이 훨씬 풍성해질 거예요.

○ 묵은지 헹구기

묵은지는 양념에서 콤콤한 향이 나요. 양념만 깨끗이 털어내면 의외로 산뜻한 맛이 나는 절임 채소가 됩니다. 묵은지를 헹구는 데에 특별한 방법이 있을까 싶지만, 주방 싱크대와 수채구멍에 난리가 나지 않으려면 이 방법을 추천합니다.

① 묵은지를 헹굴 때에는 우선 최대한 양념을 털어내고 국물을 짜낸 뒤에 커다란 볼에 물을 받아서 흔들어 씻습니다.

② 김치 속과 고춧가루 양념이 개수대를 막을 수 있으니 볼에 담긴 물은 채반을 통해 걸러서 버립니다.

③ 2~3회 반복하면 대부분의 김치 속과 양념이 떨어져 나옵니다. 저는 김치 속의 무채도 건져서 반찬으로 사용하기도 합니다. 배추와 똑 같은 방식으로 응용하여 요리할 수 있습니다.

④ 이렇게 헹군 김치도 밀폐용기에 담아 두면 꽤 오래(2~3주) 냉장 보관이 가능합니다.

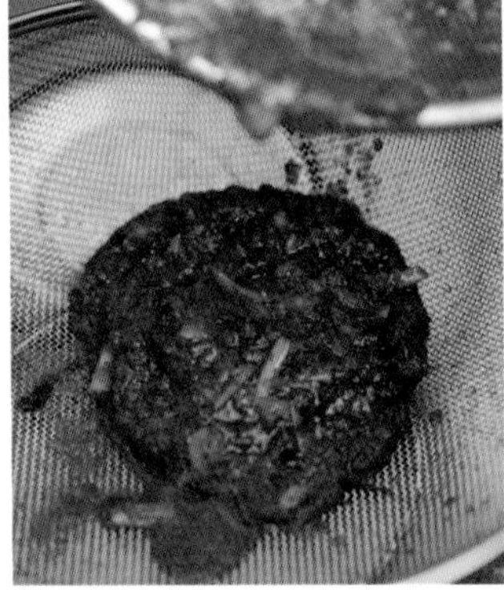

묵은지들깨찜

멸치 육수에 보글보글 약 달이듯이 천천히 익혀서 한껏 부드러워진 묵은지에 들깨가루를 풀어 넣어 보드랍고 진하게 맛을 낸 묵은지들깨찜. 묵은지에서 우러나는 시큼하고 은은하게 매콤한 맛이 감칠맛 나는 육수와 어우러지는 매력이 있어요. 맛본 분들이라면 누구나 좋아하는 저의 1등 반찬입니다.

- 헹군 묵은지 1쪽(½포기)
- 멸치육수팩 1개
- 물 3컵
- 설탕 1큰술
- 연두 1큰술
- 들기름 2큰술
- 거피들깨가루 4큰술
- 국간장
- 소금

① 묵은지는 꼬다리 부분에 칼질을 넣어 길게 2~3토막 내 냄비에 담아 주세요.

② 멸치육수팩을 올리고 물, 설탕, 연두를 넣어 중약 불로 20~30분 정도 푹 끓여 주세요.

③ 육수가 충분히 우러나면 팩을 건져내고 들기름으로 향을 더해 10분 정도 더 끓여 주세요. 기름을 넣어 끓이면 김치가 더 부드러워집니다.

④ 거피들깨가루를 넣어 육수에 풀고 간을 봐 마무리합니다. 모자란 간은 국간장이나 소금으로 해 주세요.

묵은지버터볶음

언젠가 티비에서 김치회사 연구원이 좋아하는 김치 반찬을 말하며
버터와 청양고추를 넣어 김치를 볶으면 그렇게 맛있다고 이야기하더군요. 만드는
방법을 말로 설명하는 걸 듣고만 있는데도 군침이 저절로 나더라고요. 그 이후로
가게를 운영하면서 제 스타일대로 만들어봤는데 고기 요리랑 무척 잘 어울려서 곁들임
반찬으로 냈던 추억이 있는 메뉴입니다. 특별한 재료가 들어가지 않지만 조미료가
들어가는 순서만 바꿔도 맛에 포인트를 줄 수 있어요.

- 헹군 묵은지 1컵 분량
- 청양고추 1개
- 식용유
- 설탕 1큰술
- 물
- 다진 마늘
- 버터

① 묵은지는 한 입 크기로 썰고, 청양고추는 쫑쫑 썰어 주세요.

② 팬에 식용유를 두른 뒤 설탕을 먼저 녹인 뒤 묵은지를 넣고 볶습니다. 설탕이 캐러멜색이 날 때까지 녹이면 달큰한 풍미가 더해집니다.

③ 재료가 자작하게 잠길 정도로 물을 붓고 다진 마늘을 넣은 뒤 묵은지가 부드러워지도록 약한 불에서 익힙니다.

④ 물이 다 날아가면 버터와 청양고추를 넣어 볶아 마무리합니다. 버터를 마지막에 넣으면 버터의 신선한 향이 살아 있어요. 버터에 볶은 향이 좋으면 처음에 식용유 대신 버터를 넣어도 좋아요.

묵은지유자청무침

두 살 위 오빠가 있는데, 특히 묵은지무침을 좋아했던 기억이 있어요.
묵은지를 헹궈서 무쳐두면 유난히 밥을 참 잘 먹었던 것 같아요. 그래서인지 엄마는
정말 이 반찬을 자주 했었는데요. 엄마의 묵은지무침은 설탕과 다시다를 조금 넣어서
맛을 더하고 다진 파와 다진 마늘, 깨소금을 듬뿍 넣어 감칠맛이 확실하게 느껴지는
느낌이었거든요. 이렇게 무치는 건 많이들 만드는 방법이더라고요. 제 방법은 조금 더
쉽습니다. 그런데 맛보면 어떻게 만들었는지 다들 궁금해해요. 사실 너무 간단해서
조금 민망할 정도인데요, 쉬우니 직접 한 번 만들어보세요. 묵은지의 콤콤함이
유자청으로 상큼하게 바뀌거든요. 피클처럼 느껴지기도 해요.

- 헹군 묵은지 1컵 분량
- 유자청 1큰술
- 식초 1큰술
- 깨소금 약간

① 헹군 묵은지의 물기를 가볍게 짠 뒤 작은 크기로 송송 썰어 준비합니다.

② 유자청과 식초, 깨소금을 약간 넣어 조물조물 버무려 주세요. 양념이 배추에 스며들도록 가볍게 힘주어 버무려 주세요.

③ 10분 정도 두었다가 먹으면 더 맛있어요. 냉장 보관해 깨끗한 젓가락으로 덜어 먹으면 일주일 정도 먹을 수 있어요.

묵은지감자채전

그간 부친 감자채전은 셀 수 없이 많습니다. 새우도 올려보고, 양파도 섞어보고, 치즈도 뿌려보고 각종 변주를 줘가며 다양한 감자채전을 만들어 팔았거든요. 이 묵은지감자채전은 그 중에서도 손에 꼽는 술안주 메뉴입니다. 감자의 고소하고 바삭한 맛에 묵은지의 짭조름한 감칠맛이 포인트가 되지요. 감자의 바삭한 식감을 살리기 위해서는 찬물에 담가 전분을 제거하는 과정이 중요합니다. 묵은지의 짠맛에 따라 부침가루의 양을 늘리거나 소금으로 별도의 간을 해도 좋아요.

- 감자 1개
- 묵은지 ½컵 분량
- 부침가루 3큰술
- 식용유 적당량

① 감자는 껍질째 채를 썬 뒤 전분 제거를 위해 찬물에 30분 이상 담가 준비합니다. 담가둘 시간이 모자를 땐 찬물에 감자채를 여러 번 헹궈 사용합니다.

② 묵은지는 물기를 꼭 짠 뒤 채 썰어 주세요.

③ 묵은지와 감자를 볼에 넣어 먼저 고루 섞은 뒤 부침가루를 넣어 버무립니다.

④ 팬에 식용유를 넉넉히 두르고 감자 반죽을 얹어 앞뒤로 노릇하게 부쳐 주세요.

묵은지두부김밥

연속으로 여러 번 해먹었을 만큼 질리지 않는 산뜻하고 담백한 맛의 김밥이에요. 중요 포인트 하나, 두부의 물기를 꽉 빼야 하고요. 노릇하게 구워 땅콩버터간장소스에 굴려요. 묵은지는 길쭉길쭉 썰어 설탕 조금, 들기름에 버무렸어요. 두 번째 포인트는 갓 지은 밥이에요. 여기에 소금과 깨소금을 넣고 고소하게 양념해서 김에 얇게 펴 바르고 뒤에 두부와 묵은지를 넣어서 단단하게 말아주면 됩니다. 쑥갓이나 미나리 등 아삭하고 향긋한 생채소를 넣어도 잘 어울려요.

- 두부 1모
- 식용유
- 묵은지 1컵 분량
- 밥 2공기
- 김밥김 2장
- 들기름 약간

두부 양념
- 간장 2큰술
- 땅콩 버터 2큰술
- 꿀 2큰술
- 물 6큰술

묵은지 양념
- 설탕 1작은술
- 들기름 1큰술
- 연두 약간

밥 양념
- 맛소금 2자밤
- 깨소금 ½큰술

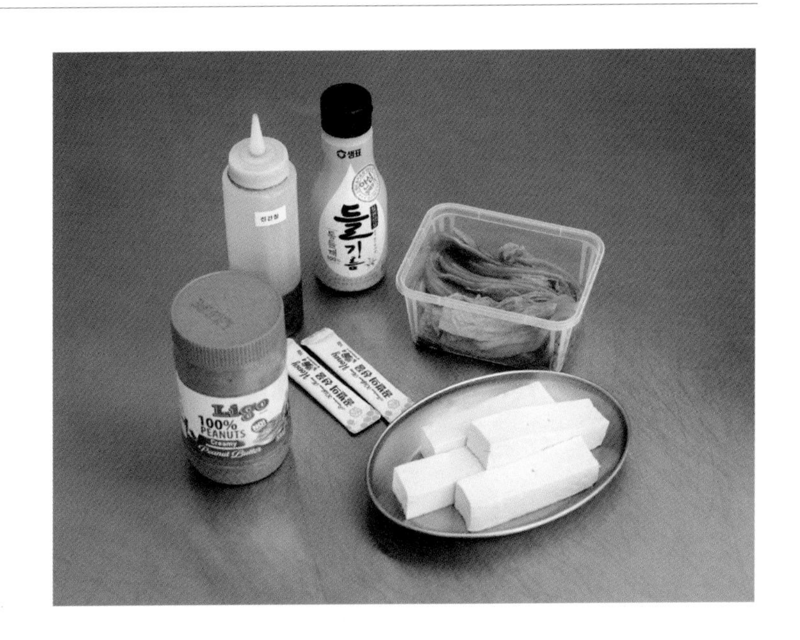

① 두부는 평평하고 무거운 것을 올려 30분 정도 두어 물기를 빼 주세요. 두부를 도톰하고 긴 모양으로 썬 뒤 키친타월로 한 번 더 물기를 제거해 준비합니다.

② 팬에 식용유를 살짝 두르고 두부의 겉면을 노릇하게 구워 주세요.

③ 그동안 두부 양념장 재료를 모두 고루 섞어 두고, 두부가 노릇하게 구워지면 두부 양념장을 팬에 부어주세요. 한 번 바글바글 끓으면 불을 끄고 양념장을 두부에 버무립니다.

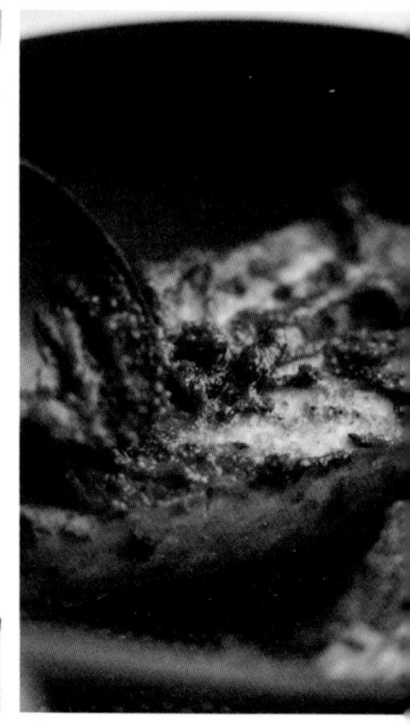

④ 묵은지는 길쭉하게 썬 뒤 설탕으로 신맛을 중화시키고 들기름, 연두로 밑간을 합니다.

⑤ 밥에 맛소금과 깨소금을 넣어 고루 버무려 양념합니다.

⑥ 김에 밥을 최대한 얇게 펴 올린 뒤 모든 재료를 넣어 감싸 김밥을 말아요. 김밥에 들기름을 살짝 바른 뒤 한 입 크기로 썰어 완성합니다.

묵은지된장국

묵은지는 좋은 육수 재료이면서 건더기 재료입니다. 대파와 묵은지만 있으면 복합미가 느껴지는 된장국을 만들 수 있어요. 된장국은 푹 끓여진 맛이 좋은데, 양이 많을 때에는 약한 불에서 오래 천천히 끓이면 되거든요. 그런데 국물이 2~3컵 정도로 양이 적을 때에는 오래 끓이면 졸아들기만 해요. 이럴 때는 20분 정도만 끓인 뒤 뚜껑을 덮어 30분 이상 천천히 식도록 두는 과정이 필요합니다. 이 과정에서 재료가 부드럽고 무르게 익어 육수에 맛이 우러나고, 된장의 짭조름한 감칠맛이 다시 재료에 스며들거든요.

- 묵은지 1컵 분량
- 대파 1대
- 물 3컵
- 코인육수 1알
- 된장 1큰술
- 소금
- 국간장

① 묵은지는 한 입 크기로 작게 썰고, 대파도 어슷하게 썰어 주세요.

② 냄비에 준비한 모든 재료를 넣고 강한 불로 가열합니다.
보글보글 끓어오르면 약한 불로 줄여 20분 정도만 끓여 주세요.

③ 불을 끄고 30분 이상 천천히 식혔다가 먹기 직전 다시 한 번 끓여 주세요. 모자란 간은 소금이나 국간장으로 합니다.

정희의 식탁
클래스 안내

요즘 집밥을 연구하고 가르치는 스튜디오 키친 '정희의 식탁'입니다.
원데이쿠킹클래스와 1:1 개인 요리강습을 합니다.
계절에 따른 다양한 식재료를 알려드리고 건강하면서
집에서도 쉽게 따라할 수 있는 지속 가능한 요리를 알려드려요.
책 속 요리를 더 자세하게 배우고 싶은 분들은 들러주세요.
정성껏 알려 드릴게요!

클래스 문의는 ◎jeonghui_siktak

요 즘 집 밥 연 구 가

정희의 식탁

1판 1쇄 ○ 2025년 2월 17일(2000부)

지은이 ○ 이정희
기획 및 편집 ○ 장은실
사진 ○ 김정인 OHHAROOM
디자인 ○ 김은정 Relish
제목, 카피라이팅 ○ 김병선
교열 ○ 정연주
인쇄 ○ 아레스트

펴낸이 ○ 장은실(편집장)
펴낸곳 ○ 맛있는 책방 Tasty Cookbook
서울시 마포구 마포대로 12 1715호
esjang@tastycb.kr

ISBN ○ 979-11-91671-20-9 13590